普通高等院校“十二五”艺术与设计专业规划教材

手绘展示空间设计与表现

张恒国 著

U0351577

清华大学出版社
北京交通大学出版社
•北京•

内容简介

手绘目前被广泛地应用于设计行业，它表现方便，高效便捷，表现力强，能够迅速反映设计师的设计构思，为广大的设计师所青睐。手绘效果图是设计专业的必修课，通过手绘表现的学习，能够启发设计师的空间想象力和创新意识，敏捷的思维，快速准确的立体图像表现能力。

设计不仅是结果，更是一种过程，是一种特定的动态的思维过程，充满了个性与创造力。手绘是这一过程的载体与记录，它是一种最快速、最直接、最简单的反映方式，它是一种动态的、有思维的、有生命的设计语言。

本书主要内容包括手绘工具及用法，透视原理及应用，马克笔上色基本技法，以及马克笔手绘在展示柜台、展示空间线稿、展示空间手绘设计表现中的应用。本书针对马克笔手绘表现的特点，介绍了马克笔表现手法技巧在展示设计行业中的应用。并通过典型案例，大量精美范例，由浅入深地向读者提供了直观化的理论支持和实践指导。

本书理论结合实践，内容丰富，知识性强，结构清晰，图文并茂地介绍了手绘技法和应用，内容紧紧围绕实际设计案例，强调了实用性，突出实例性，注重操作性，使初学者能够学以致用。

本书可以作为国内各高校、高职高专院校的室内设计专业、环境艺术、建筑设计、园林规划、产品设计等相关专业学生的专业教材，也可作为广大设计师、设计行业从业者学习马克笔手绘技法的参考书籍。通过本书的学习，读者可以提高手绘表现能力，增强设计表现实践能力，为从事设计行业打下基础。

本书封面贴有清华大学出版社防伪标签，无标签者不得销售。

版权所有，侵权必究。侵权举报电话：010-62782989　13501256678　13801310933

图书在版编目（CIP）数据

手绘展示空间设计与表现/张恒国著. —北京：北京交通大学出版社：清华大学出版社，2014.3（2018.3重印）
（普通高等院校“十二五”艺术与设计专业规划教材）
ISBN 978-7-5121-1786-0

I. ①手…　II. ①张…　III. ①展览馆-室内装饰设计-绘画技法-高等学校-教材　IV. ①TU242.5

中国版本图书馆CIP数据核字（2014）第015683号

责任编辑：韩素华　　特邀编辑：黎涛
出版发行：清 华 大 学 出版社　　邮编：100084　　电话：010-62776969
　　　　　北京交通大学出版社　　邮编：100044　　电话：010-51686414
印 刷 者：艺堂印刷（天津）有限公司
经　　销：全国新华书店
开　　本：260×185　　印张：10.25　　字数：253千字
版　　次：2014年3月第1版　　2018年3月第3次印刷
书　　号：ISBN 978-7-5121-1786-0/TU·124
印　　数：5 001～7 000册　　定价：48.00元

本书如有质量问题，请向北京交通大学出版社质监组反映。对您的意见和批评，我们表示欢迎和感谢。
投诉电话：010-51686043，51686008；传真：010-62225406；E-mail：press@bjtu.edu.cn。

前　言

马克笔表现技法于20世纪80年代传入我国，并逐步被国内设计界所认同。马克笔手绘以正确、快速、高效表达设计意图为目的，它是创意设计、表现艺术构思的重要手段。手绘是室内设计师、建筑师和园林景观规划师早期设计的辅助工具。它以其色彩丰富、着色简便、携带方便、成图迅速、表现力强等特点，受到设计师普遍的喜爱。马克笔手绘表现设计在建筑、室内、景观、园林等领域已经得到了广泛的运用。它已被各高等艺术设计、建筑设计院校和美术学院及设计工程公司、设计事务所广泛接受和使用，现已成为一种新的表现技法。

手绘设计效果图以其强烈的艺术感染力，向人们传递着设计思想、理念及设计情感。手绘效果图表现无论是在设计教育，还是在设计师的实际操作中都显得至关重要。它最大的优点就是方便、快捷、迅速把设计灵感、设计思想和理念表现出来，是设计师必须掌握的一种技能。

本书结合大量优秀室内外设计作品，将马克笔表现技法以图文并茂的形式展现在读者面前。它是可以让初学者在短期内掌握的一种艺术表现技法，是将绘画基础和设计方法、表现技法融于一体的工具书。通过本书可以使读者掌握马克笔手绘表现基础知识，快速提高设计和表现能力。

本书整体导向正确，科学精练，编排合理，指导性、学术性、实用性和可读性强。注重科学性、实用性、普适性。内容安排从简单到复杂、从理论到实践的学习过程，简明易学。书中的大量范画，讲解清楚、透彻，便于临摹，非常适合初学者和爱好者自学入门。

本书由张恒国著，参与编写的还有卜东东、晁清、刘娟娟、杨超、陈戈、郑刚、李素珍、邹晨、李松林、魏欣、黄硕等人，在此表示感谢。

著　者

2014年1月

目录

CONTENTS

第1章　手绘工具及用法

1.1　手绘工具

手绘效果图常用美工钢笔、金属针管笔、中性笔、彩色铅笔、马克笔等。

1. 勾线笔

美工钢笔：笔头弯曲，可画粗、细不同的线条，书写流畅，适用于勾画快速草图或方案。

金属针管笔：笔尖较细，线条细而有力，有金属质感和力度，适用于精细手绘图。

中性笔：书写流畅、价格适中，并可以更换笔芯，适用于勾画方案草图。

勾线笔　　不同品牌勾线笔

2. 马克笔

现在普遍用的要数韩国TOUCH，常见的是双头酒精的，它有大小两头，水量饱满，颜色丰富，当中亮色比较鲜艳，灰色比较沉稳。颜色未干时叠加，颜色会自然融合衔接，有水彩的效果，性价比较高。因为它的主要成分是酒精，所以笔帽做得较紧。选购的时候应亲自试试笔的颜色，笔外观的色样和实际颜色可能有点偏差，总体来说比较经济实惠。

马克笔的色彩种类较多，通常多达上百种。对于颜色的选择，初学者主要是了解其性能和掌握其用法，故不要多买，一些鲜艳的颜色，一些中性的颜色，再加几支灰色的就足够了。随着用笔的熟练和技法的不断进步而增加自己喜好的颜色。

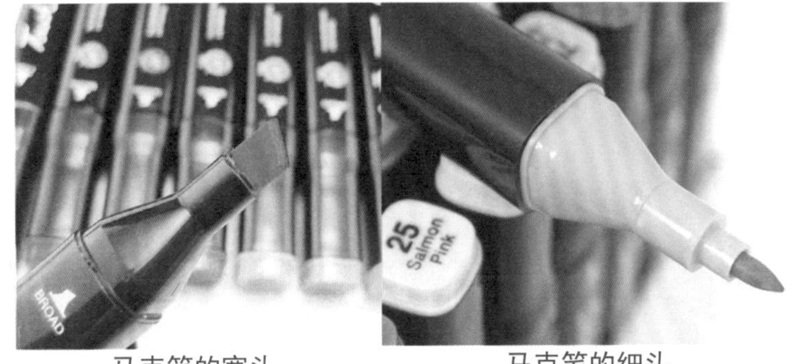

马克笔的宽头　　马克笔的细头

马克笔的握笔姿势　　　　马克笔

其他品牌马克笔

马克笔色表

3. 彩色铅笔

彩色铅笔是表现图常用的工具之一，它具有使用简单方便、色彩稳定、容易控制等优点，常常用来画设计草图的彩色示意图和一些初步的设计方案图。彩色铅笔的不足之处是色彩不够紧密，不易画得比较浓重且不宜大面积涂色。当然，运用得当，会有别样的韵味。

彩色铅笔

4. 其他辅助工具

其他辅助工具还有尺子、高光笔、涂改液、水彩颜料、美工刀、胶带纸等。

尺子：在勾线时，可以借助尺子画线。

高光笔：它是在后期运用的工具，但要根据需要运用，多用于“高光”的点缀，可以使图面有亮点。

涂改液：和高光笔用法类似。

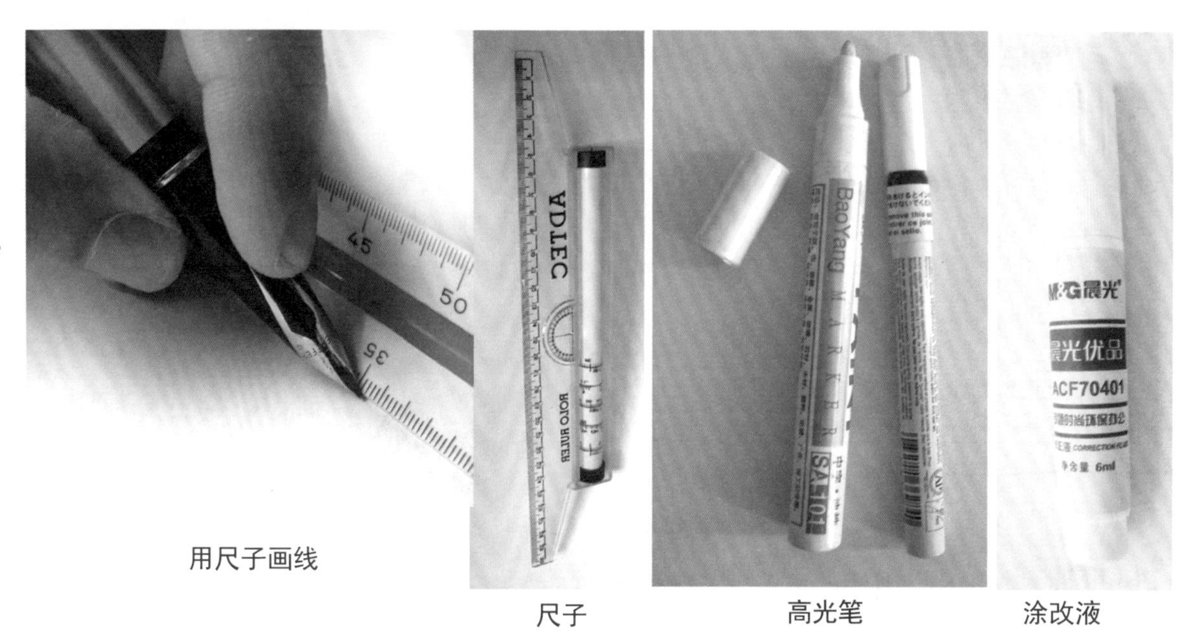

用尺子画线

尺子　　高光笔　　涂改液

5. 马克笔适用的纸张

至于用纸，可选择普通白纸（复写纸）、色纸、硫酸纸、草图纸、铜版纸、卡纸等，也可用绘画的纸，如素描纸、水粉纸等，这些纸可以练习使用。经过练习掌握每种纸的特点，选择自己习惯用的即可。

手绘纸张最小不小于A4纸，因为马克笔注重整体效果，如果要表现细节的话，还要搭配其他笔，纸要大点好。

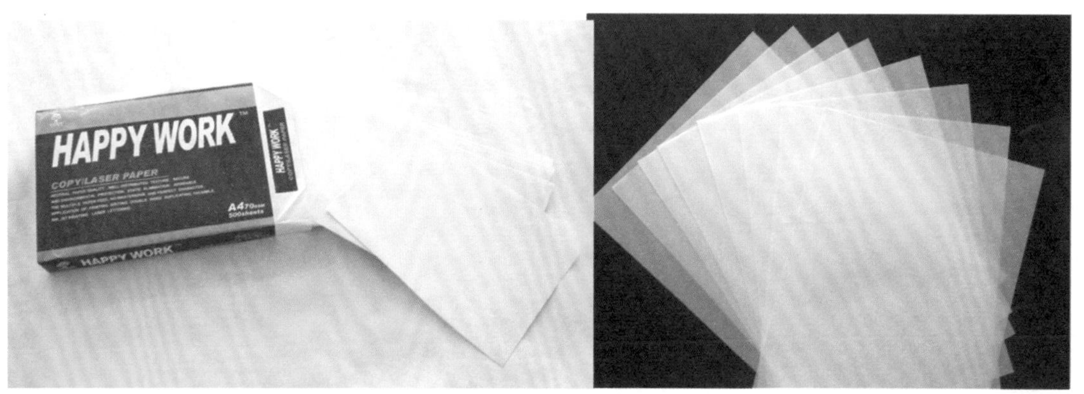

白纸　　硫酸纸

1.2 画线练习

1. 线条练习

刚开始学习画手绘，练习画线是十分必要的，线条是表现对象的重要语言，不同的线会表达不同的意思。线条是灵魂和生命，要经常画一些不同的线条，并用它来组合一些不同的形体，线条的好坏能直接反映一个绘图者水平的高低。下面给出了一些不同特点的线，可参考反复练习。

水平直线练习

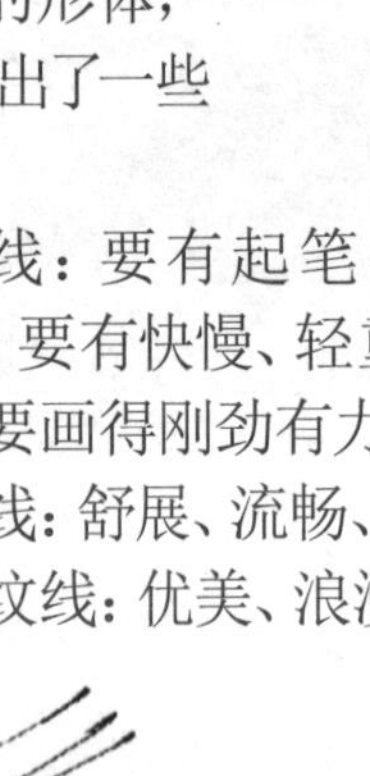

直线：要有起笔、运笔、收笔，要有快慢、轻重的变化，线要画得刚劲有力。

斜线：舒展、流畅、有张力。

波纹线：优美、浪漫。

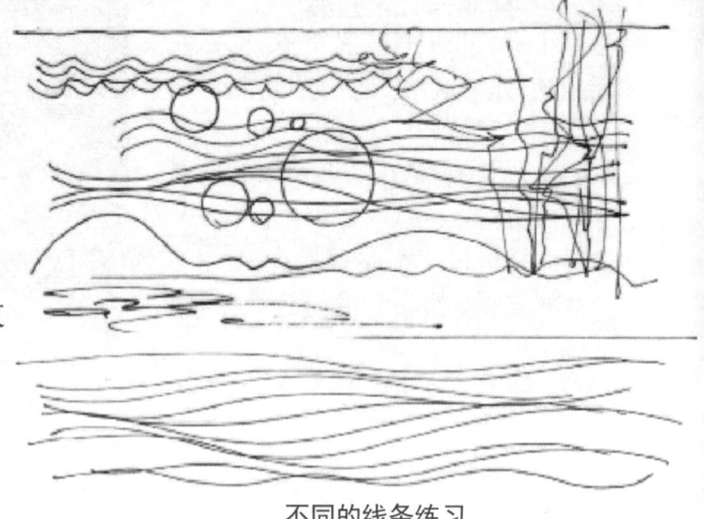

不同的线条练习

线的练习是徒手表现的基础，线是造型艺术中最重要的元素之一，看似简单，实则千变万化。徒手表现主要是强调线的美感，线条变化包括线的快慢、虚实、轻重、曲直等关系，要把线条画出美感，有气势、有生命力，要做到这几点并不容易，要进行大量的练习。开始可以从直线、竖线、斜线、曲线等练习起，要把线画得刚劲有力、刚柔结合、曲直并用的感觉，然后再画几何形体。其实也可以在一点透视、两点透视的课程中练习，既练习了线又掌握了空间比例和透视关系。

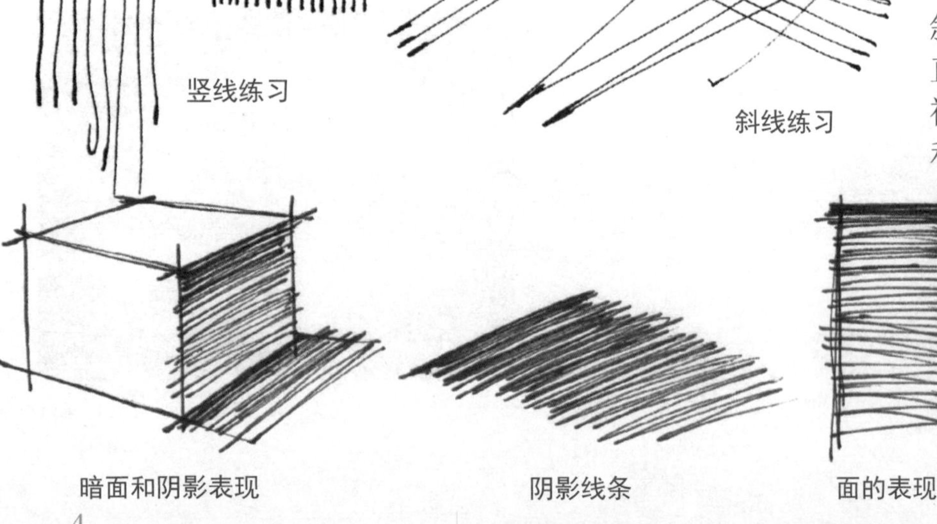

竖线练习

斜线练习

暗面和阴影表现

阴影线条

面的表现

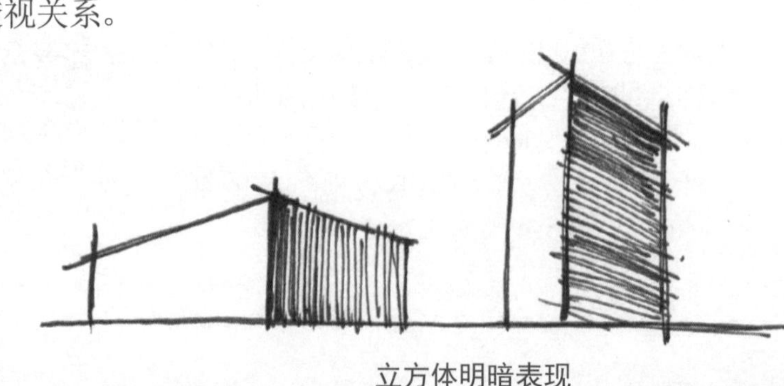

立方体明暗表现

2. 形体练习

练习了各种线的基本画法后，还要学习和了解基本几何体。生活中的物体千姿百态，但归根结底是由方形和圆形两种基本几何形体组成的。特别是室内的陈设，如沙发、茶几、床、柜子等都是由立方体演变的，立方体是一些复杂形体最终的组合基础。因而练习描绘几何体对于表现对象是很有帮助的。

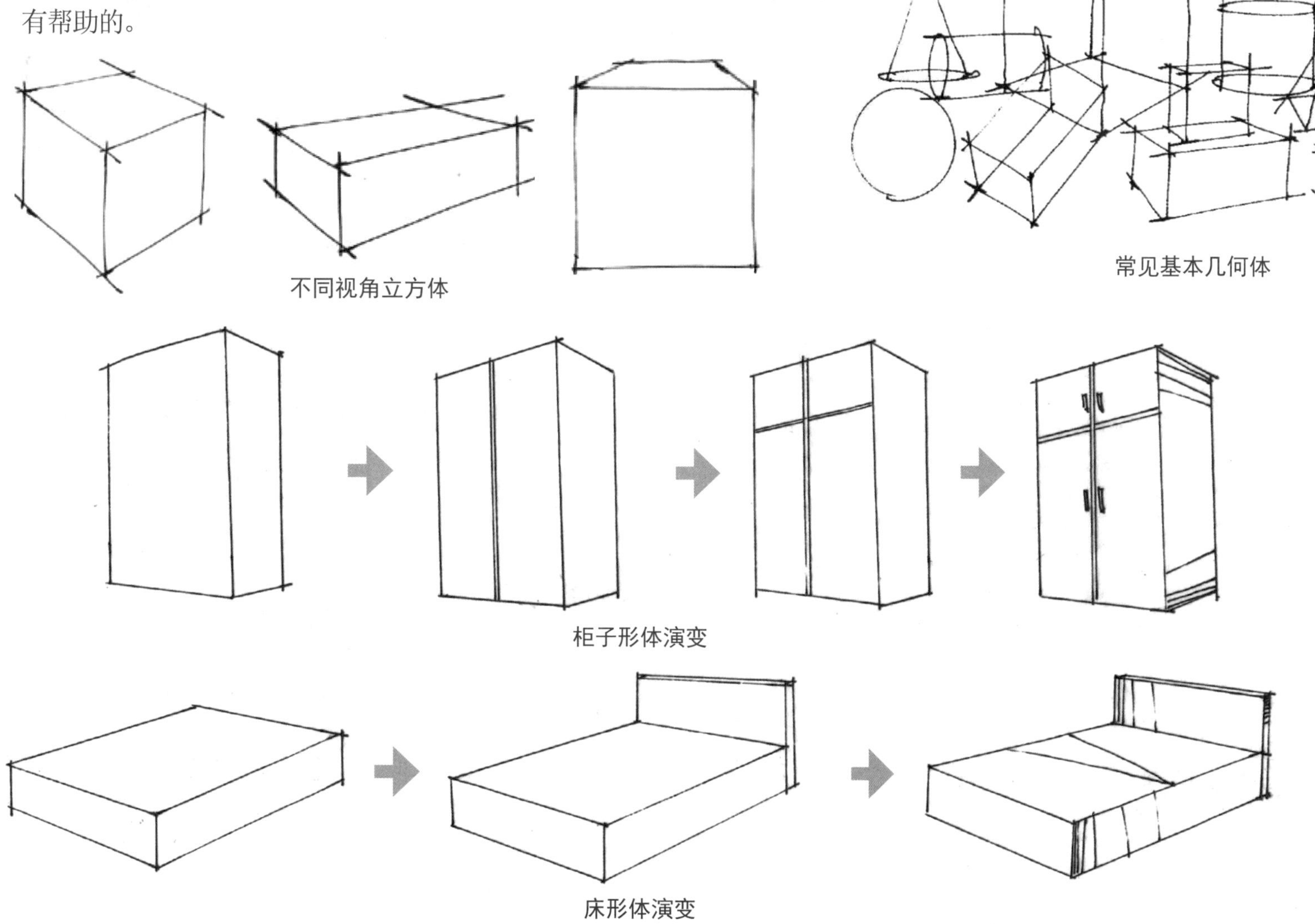

不同视角立方体

常见基本几何体

柜子形体演变

床形体演变

1.3 上色技法

1. 马克笔上色方法

马克笔笔尖有楔形方头、圆头等几种形式，可以画出粗、中、细不同宽度的线条，通过各种排列组合方式，形成不同的明暗块面和笔触，具有较强的表现力。

马克笔运笔时主要排线方法有平铺、叠加、留白。马克笔常用楔形的方笔头进行宽笔表现，要组织好宽笔触并置的衔接，平铺时讲究对粗、中、细线条的运用与搭配，避免死板。马克笔色彩可以叠加，叠加一般在前一遍色彩干透之后进行，避免叠加色彩不均匀和纸面起毛。颜色叠加一般是同色叠加，使色彩加重，叠加还可以使一种色彩融入其他色调，产生第三种颜色，叠加遍数不宜过多，过多则影响色彩的清新透明性。马克笔笔触留白主要是反衬物体的高光亮面，反映光影变化，增加画面的活泼感。细长的笔触留白也称“飞白”，在表现地面、水面时常用。

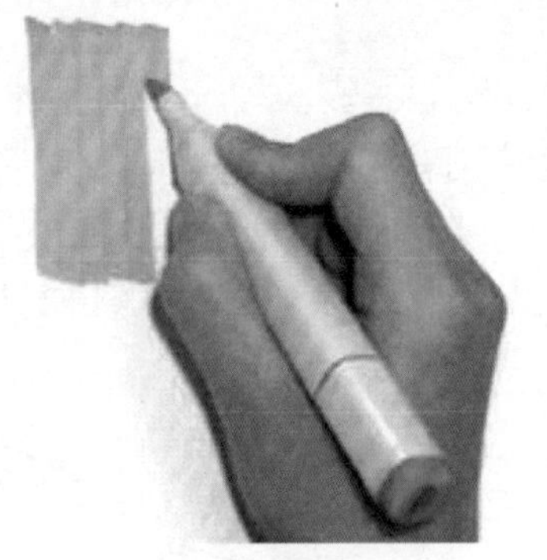

马克笔垂直排线上色

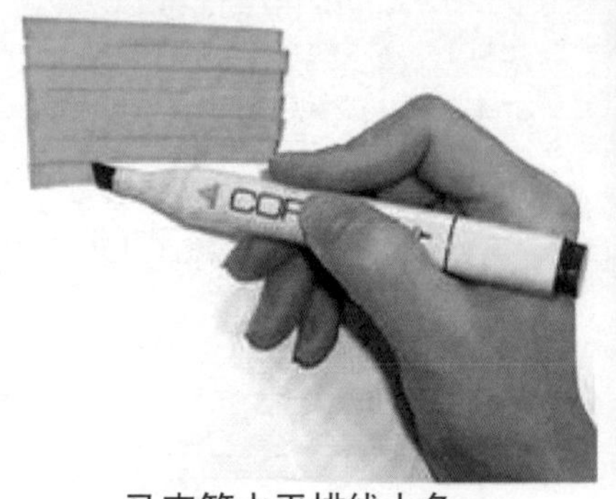

马克笔水平排线上色

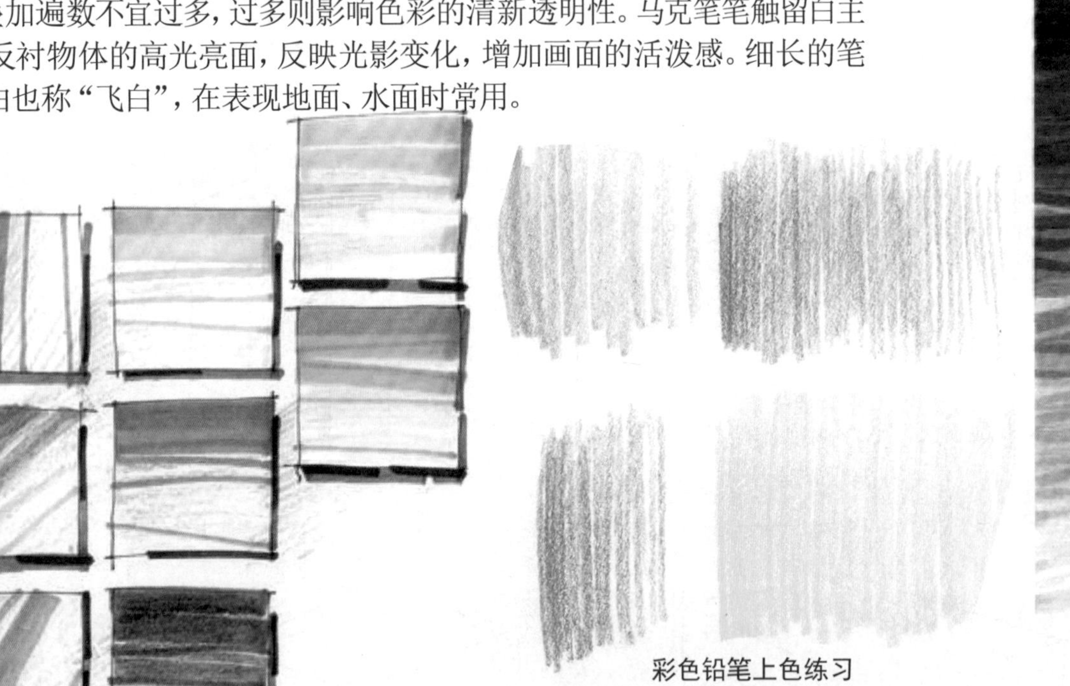

不同角度马克笔上色练习

彩色铅笔上色练习

马克笔与彩色铅笔结合，可以将彩铅的细致着色与马克笔的粗狂笔风相结合，增强画面的立体效果。

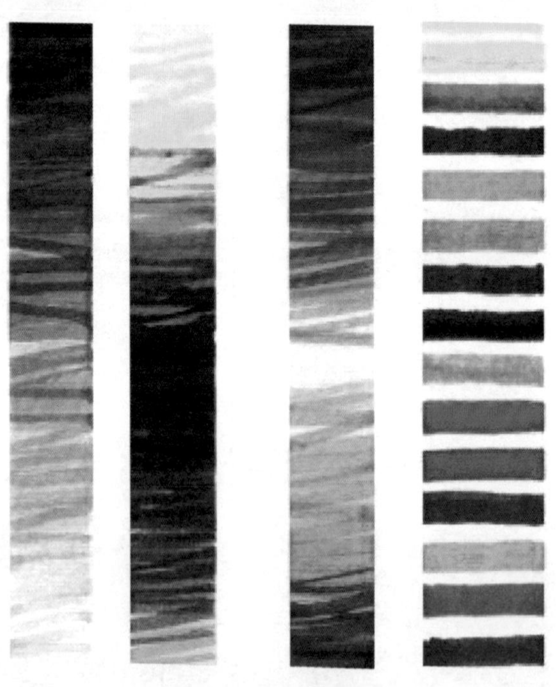

彩色铅笔上色练习

马克笔笔触训练，并置运笔，平铺与叠加效果，退晕效果。

2. 物体的明暗规律

对物体明暗规律的了解，对于表现对象来说，是十分重要的。受光照射的物体一般有黑、白、灰三个大面，由高光、暗部、明暗交界部、投影、反光五个调子组成。理解物体的明暗规律，并应用于手绘，可将对象表现得更具立体感。

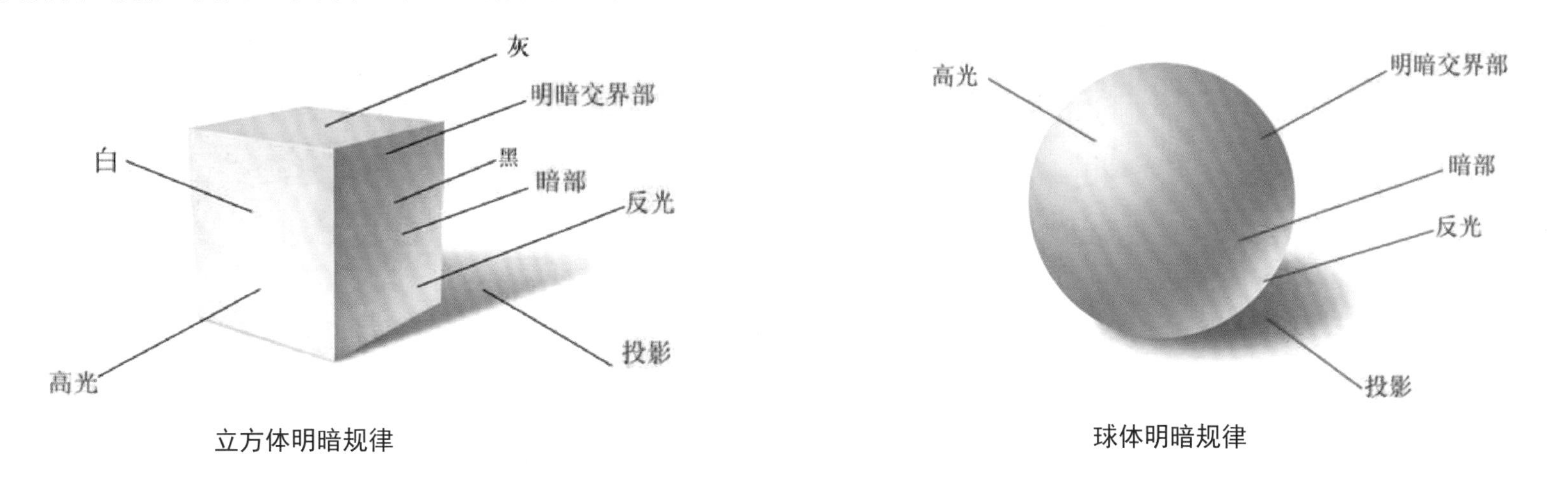

立方体明暗规律　　球体明暗规律

3. 单色明暗和立体感表现练习

理解和掌握对象立体感的表现是十分重要的，在用马克笔上色的过程中，往往也需要通过上色来表现对象的立体感。下面先练习一些基本几何体的单色上色练习。注意体会上色的过程，以及对象立体感的表现。练习单色表现对象，我们只需要考虑对象的明暗关系变化，通过单色的明暗来表现对象的明暗，而不用考虑对象的颜色变化。

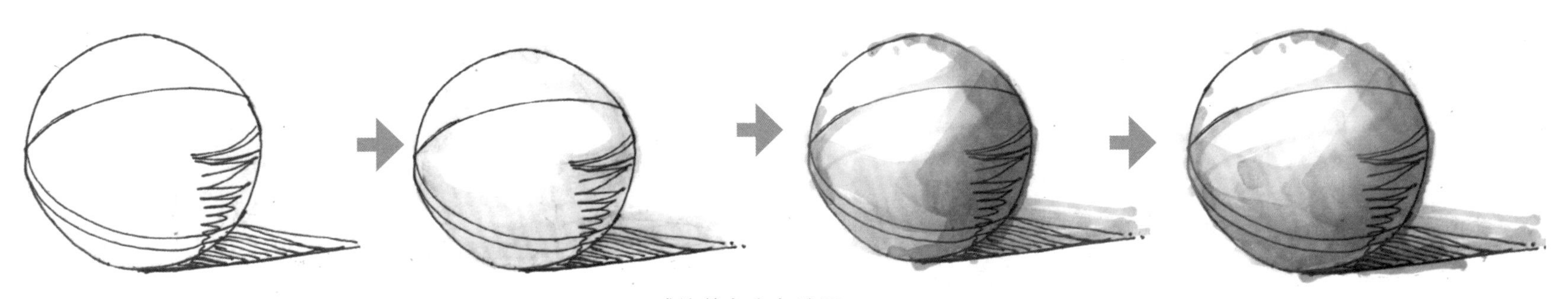

球体单色上色练习

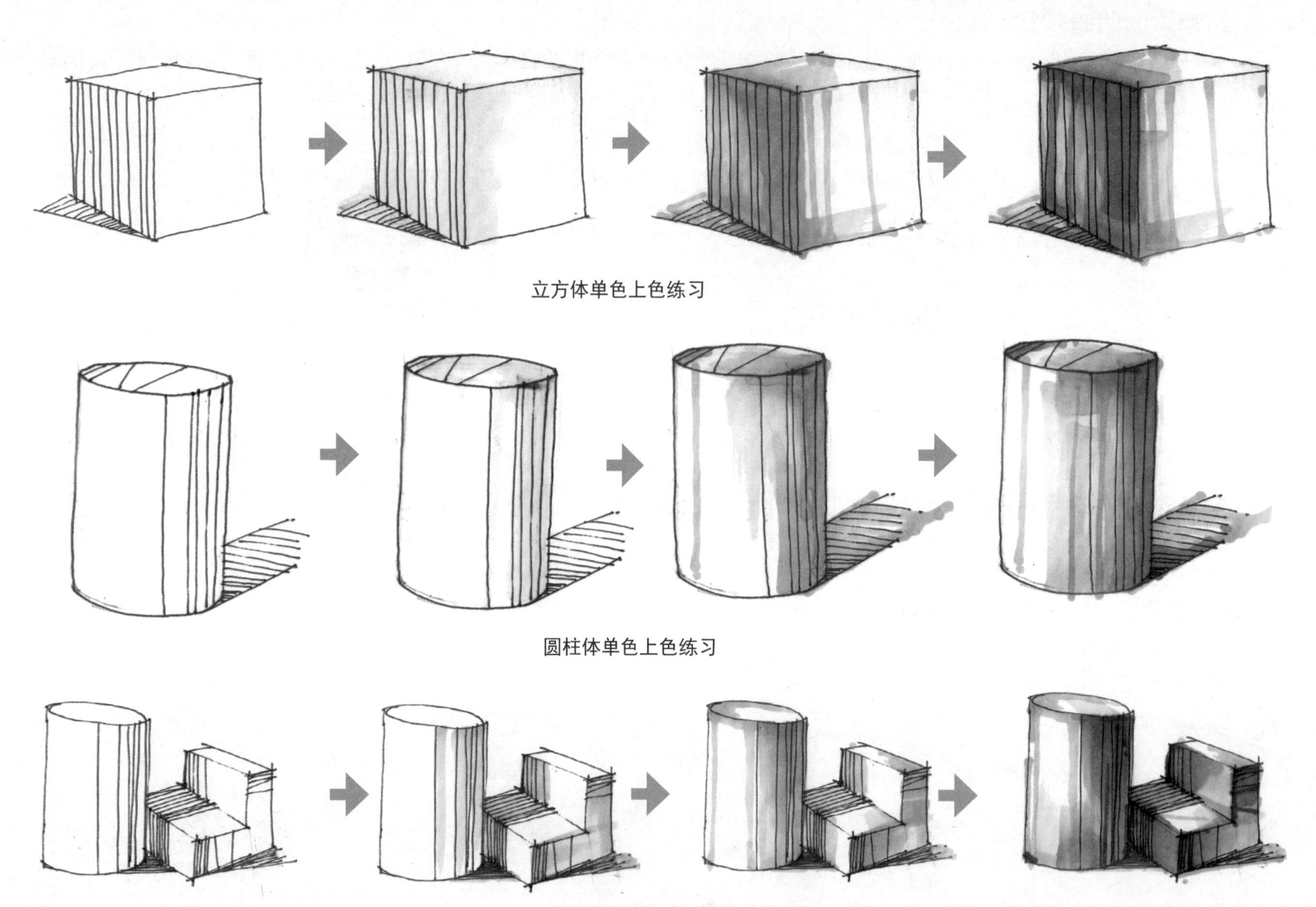

立方体单色上色练习

圆柱体单色上色练习

组合形体单色上色练习

4. 彩色立体感和明暗表现练习

马克笔上色后不易修改。故一般应先浅后深，浅色系列透明度较高，宜与黑色的钢笔画或其他线描图配合上色，作为快速表现也无须用色将画面铺满。有重点地进行局部上色，画面会显得更轻快、生动。

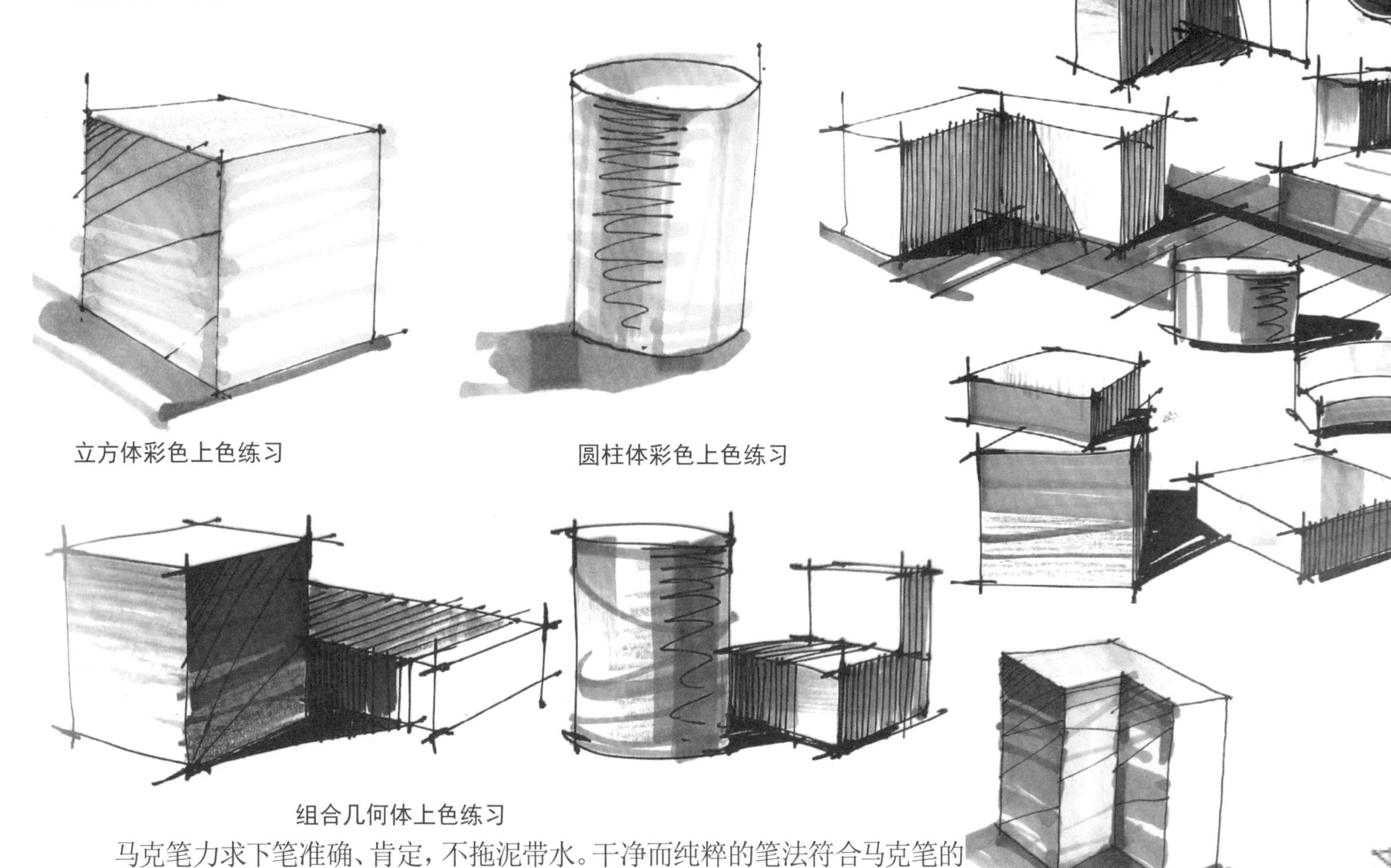

立方体彩色上色练习

圆柱体彩色上色练习

组合几何体上色练习

马克笔力求下笔准确、肯定，不拖泥带水。干净而纯粹的笔法符合马克笔的特点，对色彩的显示特性、运笔方向、运笔长短等在下笔之前都要考虑清楚，避免犹豫，忌讳笔调琐碎、磨蹭、迂回，要下笔流畅、一气呵成。

课后练习

1. 用不同颜色的马克笔进行笔触练习。
2. 理解对象的明暗原理，练习用灰色系表现几何体，并注意立体感的表现。
3. 练习用马克笔表现几何体及几何体组合，并体会对象的上色方法。
4. 理解和体会马克笔上色的步骤与方法。
5. 画简单的对象，并练习用马克笔上色。

第2章　透视原理及应用

2.1　透视基本原理

透视就是在平面上再现空间感、立体感的方法的科学。在平面画幅上根据一定原理，用线条来显示物体的空间位置、轮廓和投影的科学称为透视学。透视学研究科学规则地再现物体的实际空间位置，研究总结物体形状变化和规律的方法，是透视的基础。学习和了解透视原理，对手绘来说也是十分重要的。

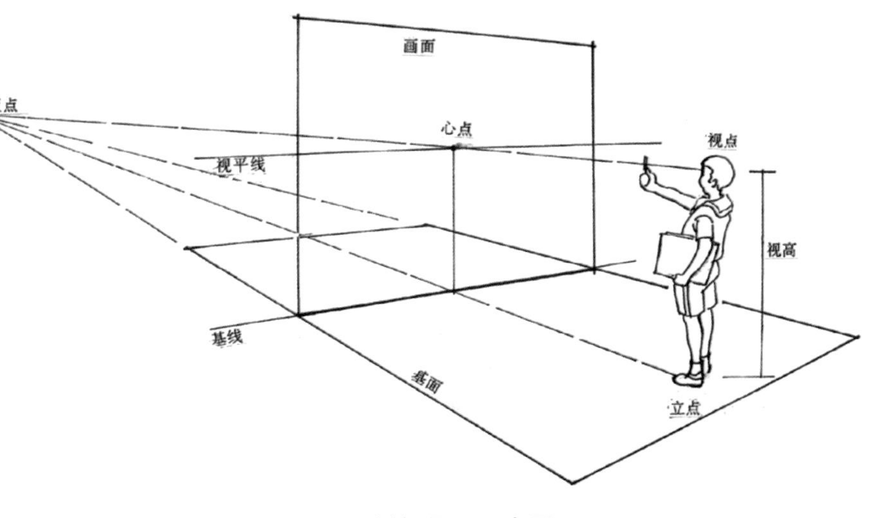

透视原理示意图

透视方法的定义，简单地说是把眼睛所见的景物，投影在眼前一个平面，在此平面上描绘景物的方法。在透视投影中，观者眼睛称为视点，而延伸至远方的各条线汇交于一点，称消失点（灭点）。透视图中凡是变动了的线称变线，不变的线称原线，要记住近大远小、近实远虚的规律。常见的透视包括一点透视、两点透视和三点透视。

1. 一点透视

一点透视也称平行透视，是一种最基本、最常用的透视方法，物体的两组线，一组平行于画面，另一组水平线垂直于画面，聚集于一个消失点。一点透视表现范围广，纵深感强，适合表现庄重、严肃的室内空间。缺点是比较呆板，与真实效果有一定距离。通常，一张平行透视图能一览无余地表现一个空间。

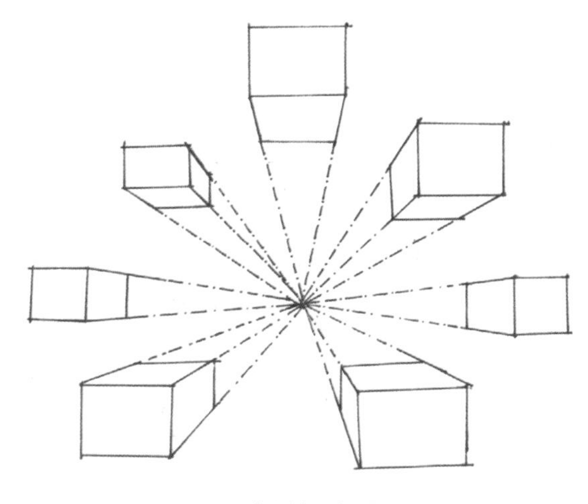
一点透视应用

2. 两点透视

两点透视指物体有一组垂直线与画面平行，其他两组线均与画面呈一角度，而每组有一个消失点，共有两个消失点，也称成角透视。两点透视图面效果比较自由、活泼，能比较真实地反映空间。缺点是，角度选择不好易产生变形。放置在基面上的方形物，如果两组竖立面均不平行于画面，且各棱角分别消失在两个消失点上，这时所产生的透视现象亦称余角透视，是一种有着较强表现力的透视形式。其特点是透视及画面较为生动、活泼，具有真实感。

两点透视

3. 三点透视

三点透视指物体的三组线均与画面呈一角度，三组线消失于三个消失点，也称斜角透视。三点透视多用于高层建筑透视。三点透视具有强烈的透视感，特别适宜表现高大的建筑和规模宏大的城市规划、建筑群及小区住宅等，也是一种常用的透视。

三点透视

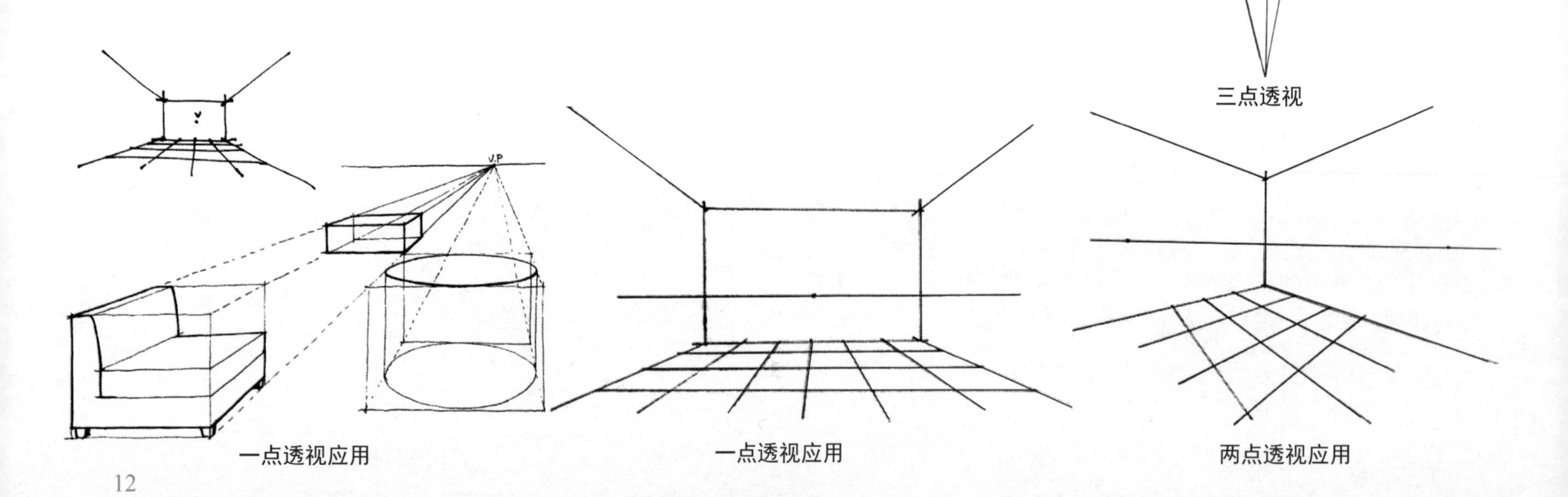

一点透视应用　　一点透视应用　　两点透视应用

2.2 透视的应用

透视是一种表现三维空间的制图方法，只有在理解和领会的基础上再去运用，才能够真正地达到掌握透视的目的。要灵活应用透视，首先要理解常用透视类型的特点，然后根据实际应用中要表现对象的特点，选择合适的透视类型和透视角度来表现画面。

掌握正确、简便的透视规律和方法，对于手绘表现至关重要。其实徒手表现图很大程度上是在用正确的感觉来画透视，要训练出落笔就有好的透视空间感，透视感觉也往往与表现图的构图和空间的体量关系息息相关，有了好的空间透视关系来架构图面，一张手绘表现也成功一半。

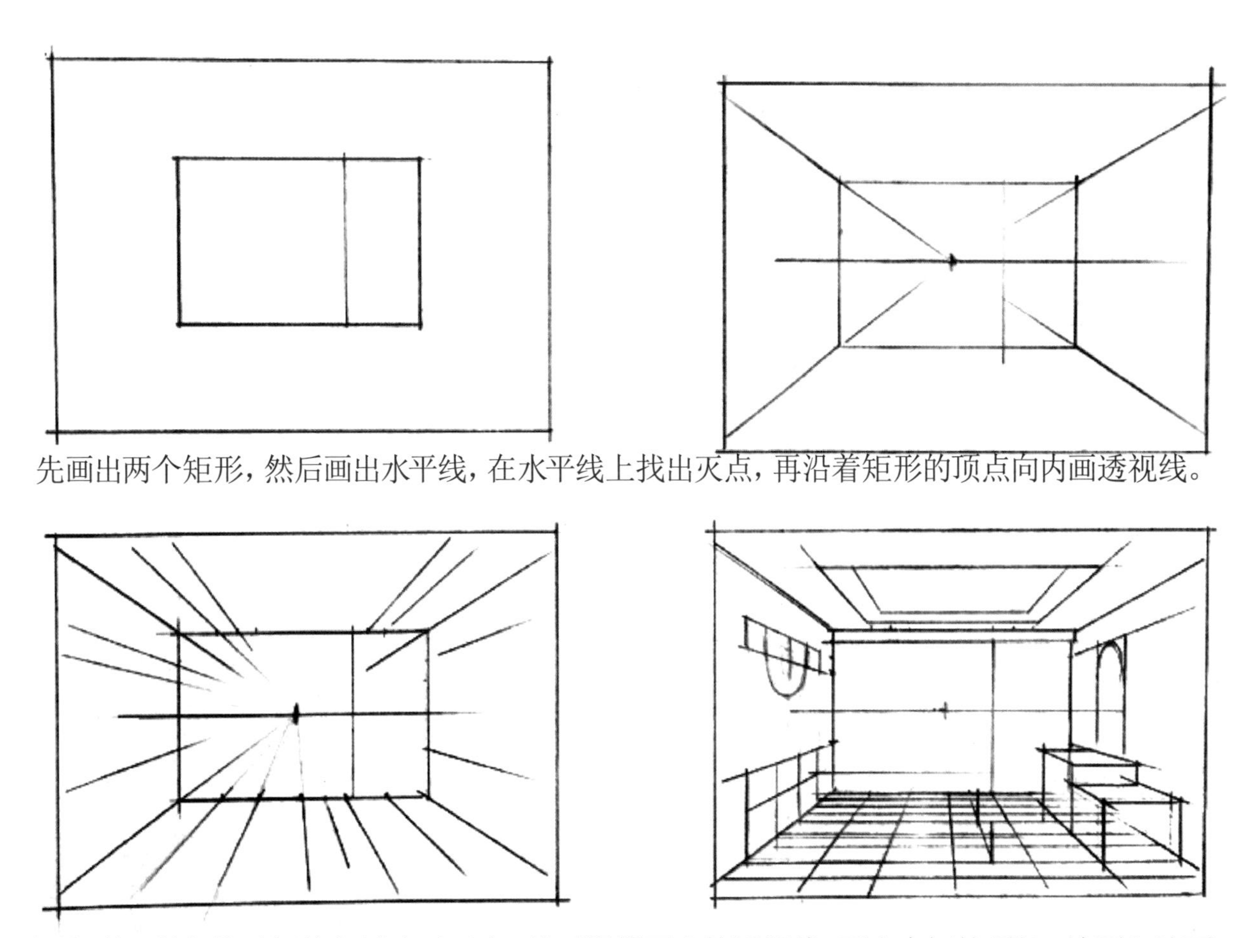

先画出两个矩形，然后画出水平线，在水平线上找出灭点，再沿着矩形的顶点向内画透视线。

进一步画透视线，所有的透视线都消失于灭点，然后根据画出的透视线，画出房间的顶部、墙面和地面。

在练习使用一点透视时，要点在于找准“一线一点”。“一线”指的是视平线，也就是画图时眼睛所处的水平处；“一点”指的则是视觉焦点，也就是眼睛聚集的一个点。二点透视和一点透视类似，只是多了一个消失点。

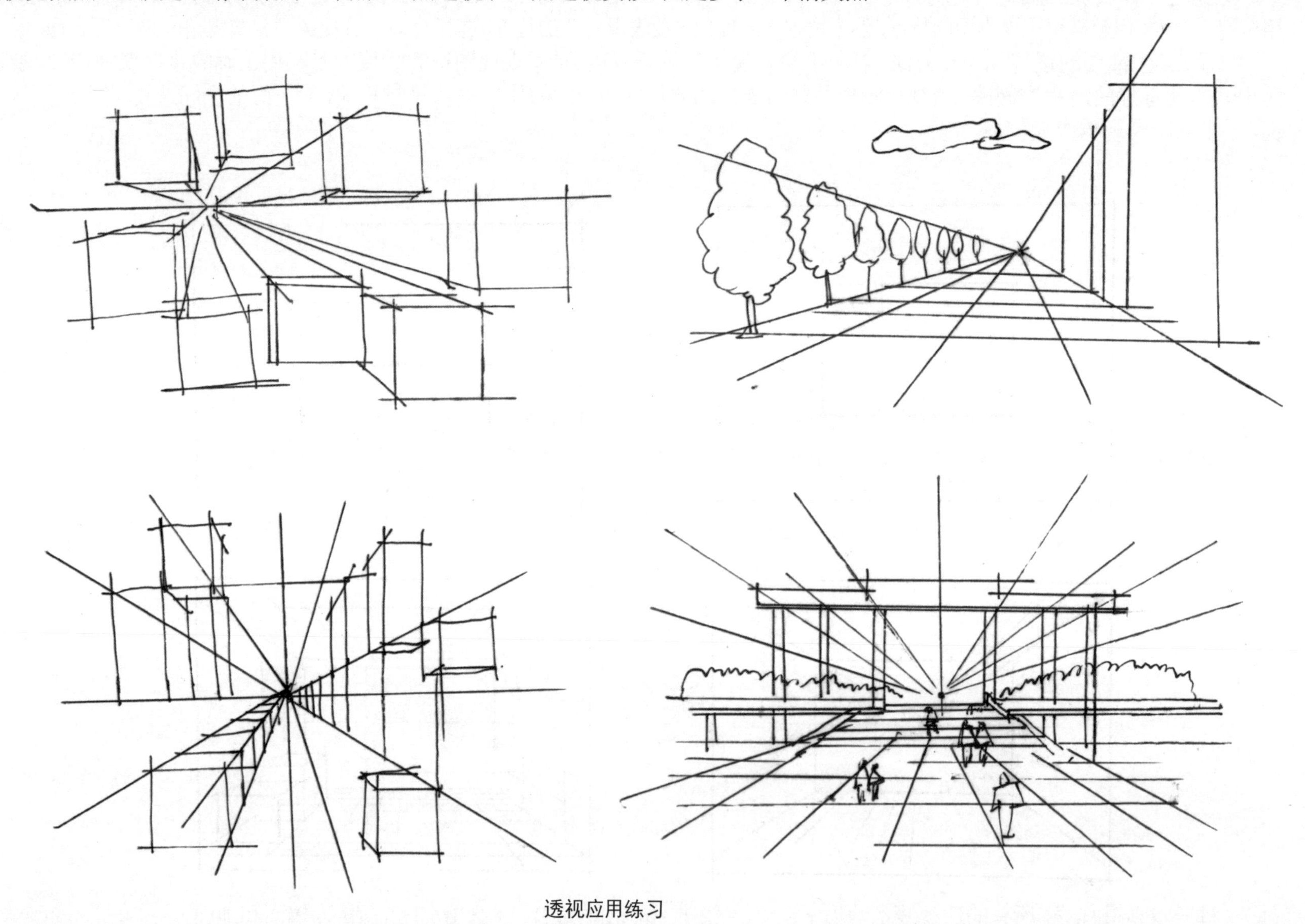

透视应用练习

通过对不同建筑及室内空间透视原理的应用练习，可以进一步理解透视原理的特点。

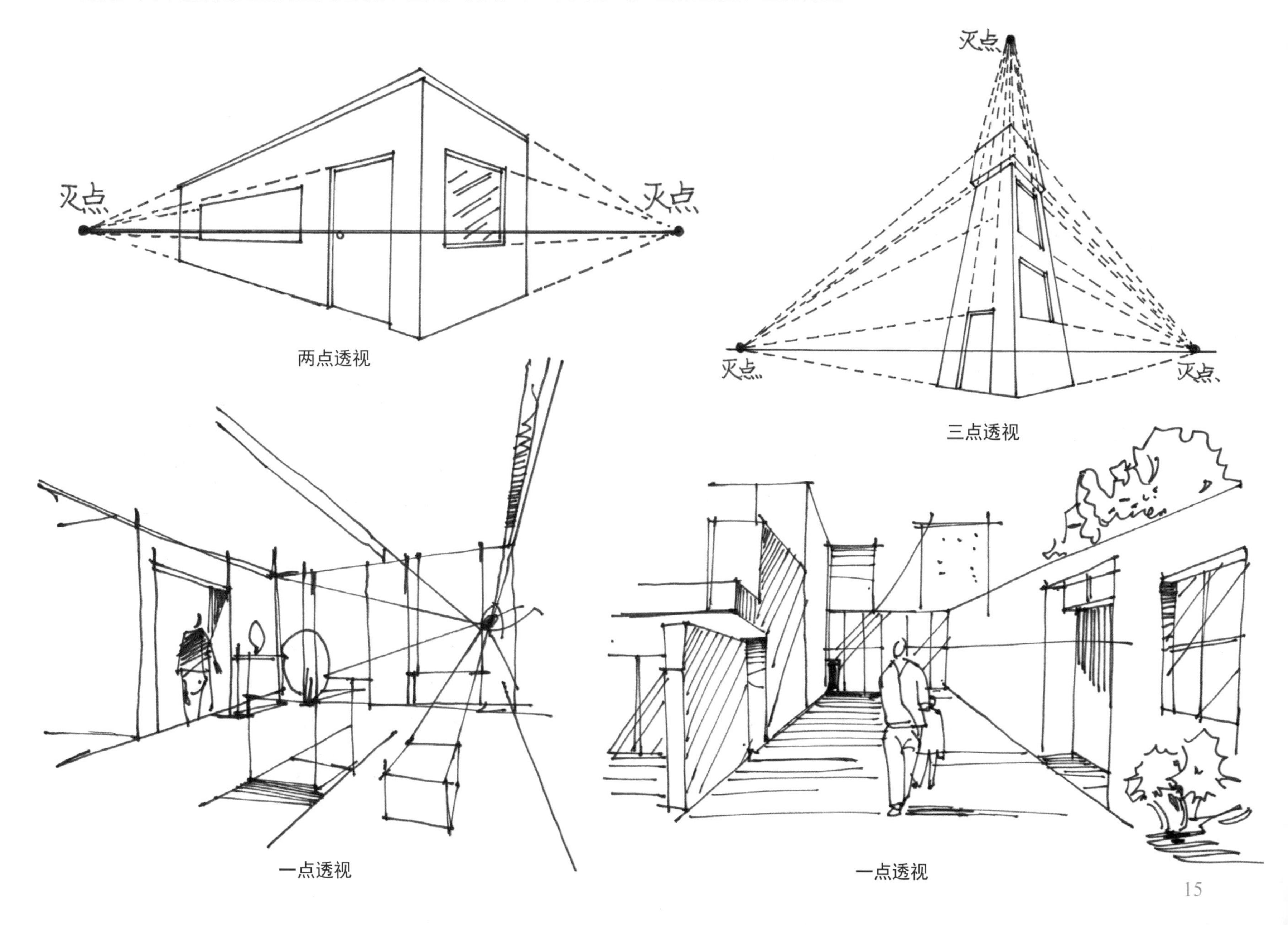

两点透视

三点透视

一点透视

一点透视

把透视基本原理和简单场景结合起来练习，对于学习手绘是十分有好处的，既可以练习透视的应用，又可以练习表现画面。

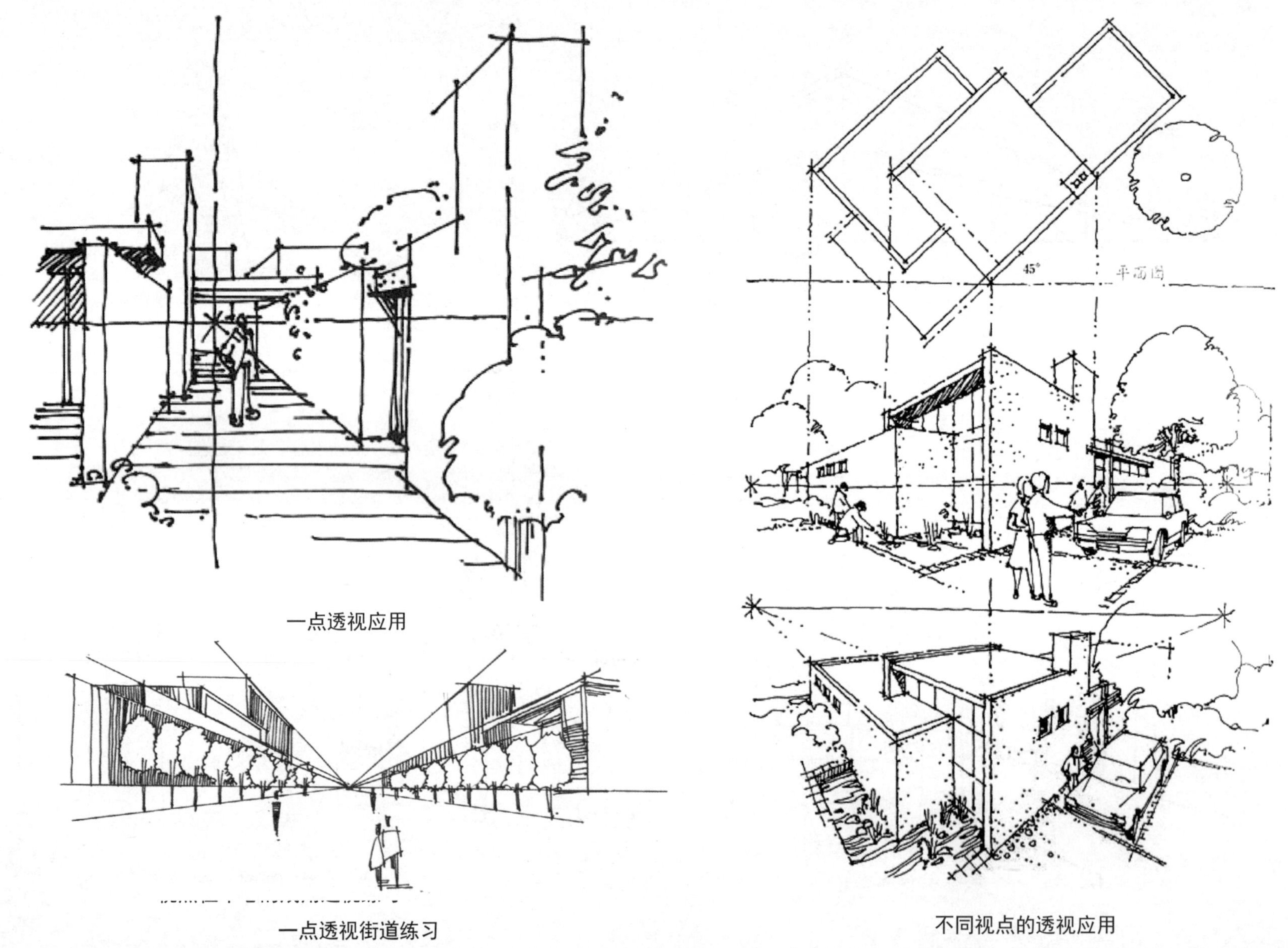

一点透视应用

一点透视街道练习

不同视点的透视应用

课后练习

1. 简述常用透视包括哪几种类型，每种透视有什么特点。
2. 用线分别画出一点透视、两点透视、三点透视的原理图。
3. 练习用透视表现简单室内、建筑透视图。
4. 徒手画线，临摹建筑和室内图片，并将透视原理加以应用。
5. 临摹手绘作品线稿，并体会透视原理的应用。

第3章　展示设计线稿

3.1　展柜线稿表现

先练习画展柜线稿。展柜造型比较简单，画线稿的时候，先用线将展柜的外形及透视画准确，然后再用线强调结构，画出暗部和阴影。

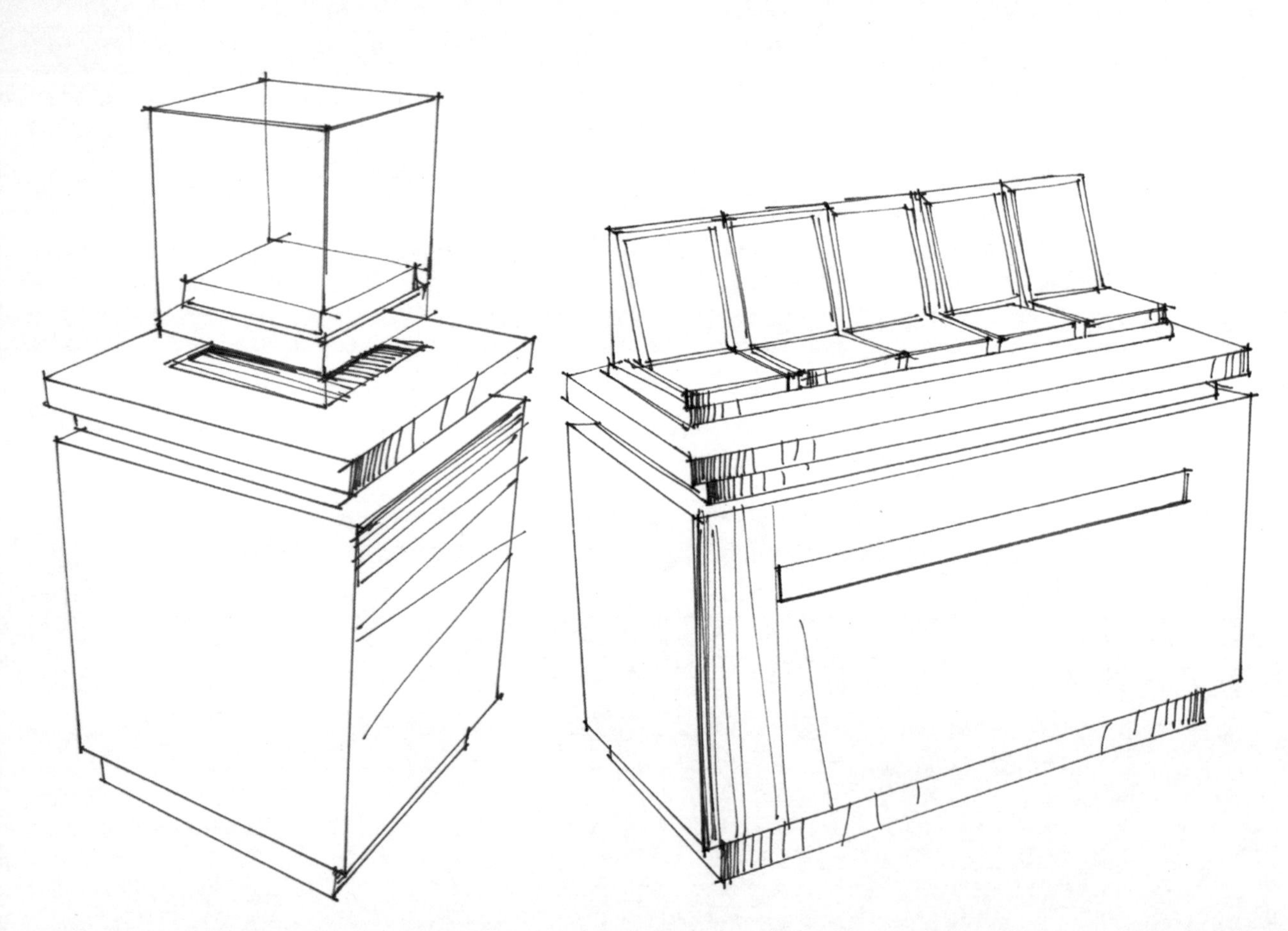

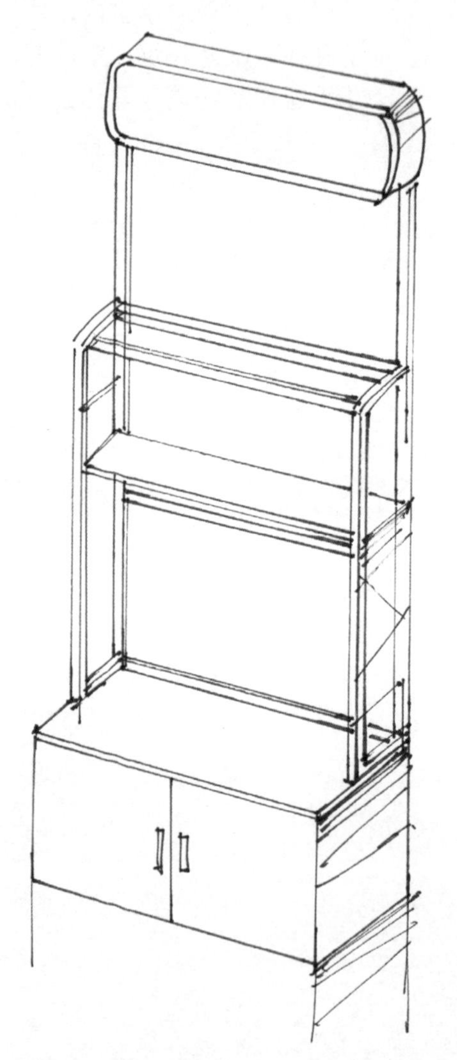

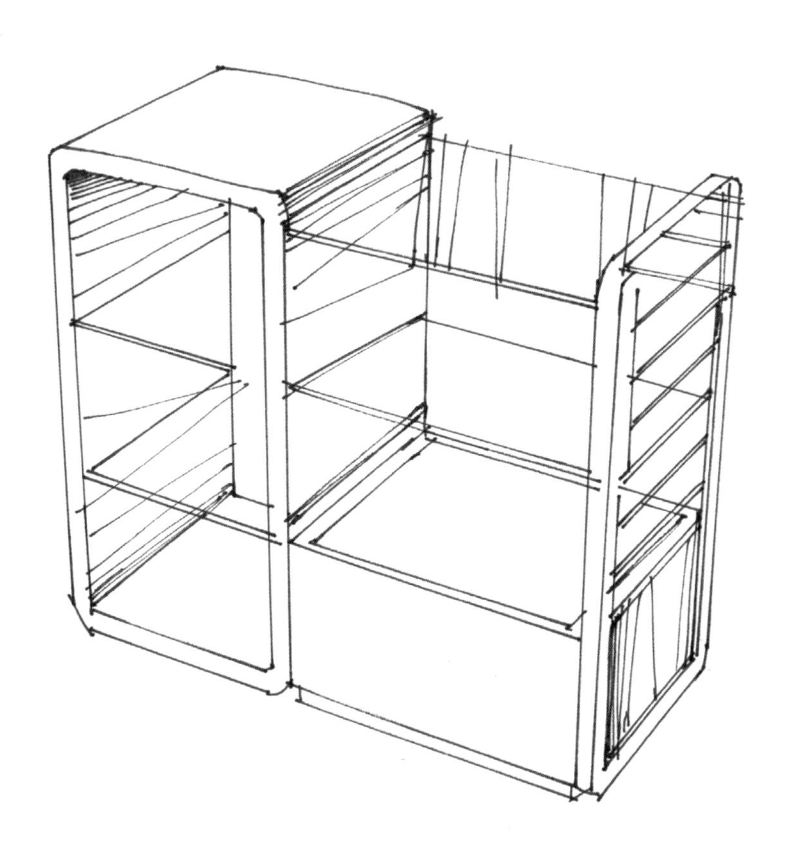

将展柜的比例及形体特点表现准确，画玻璃的时候，注意玻璃用线的区别。同时也要将展柜的空间造型理解透，这样，不管透视如何变化，都能将对象画准确。

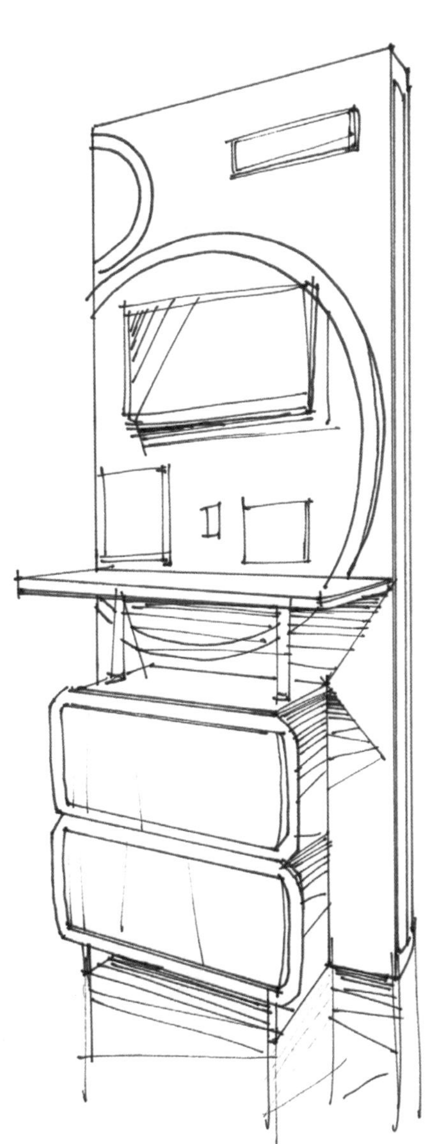

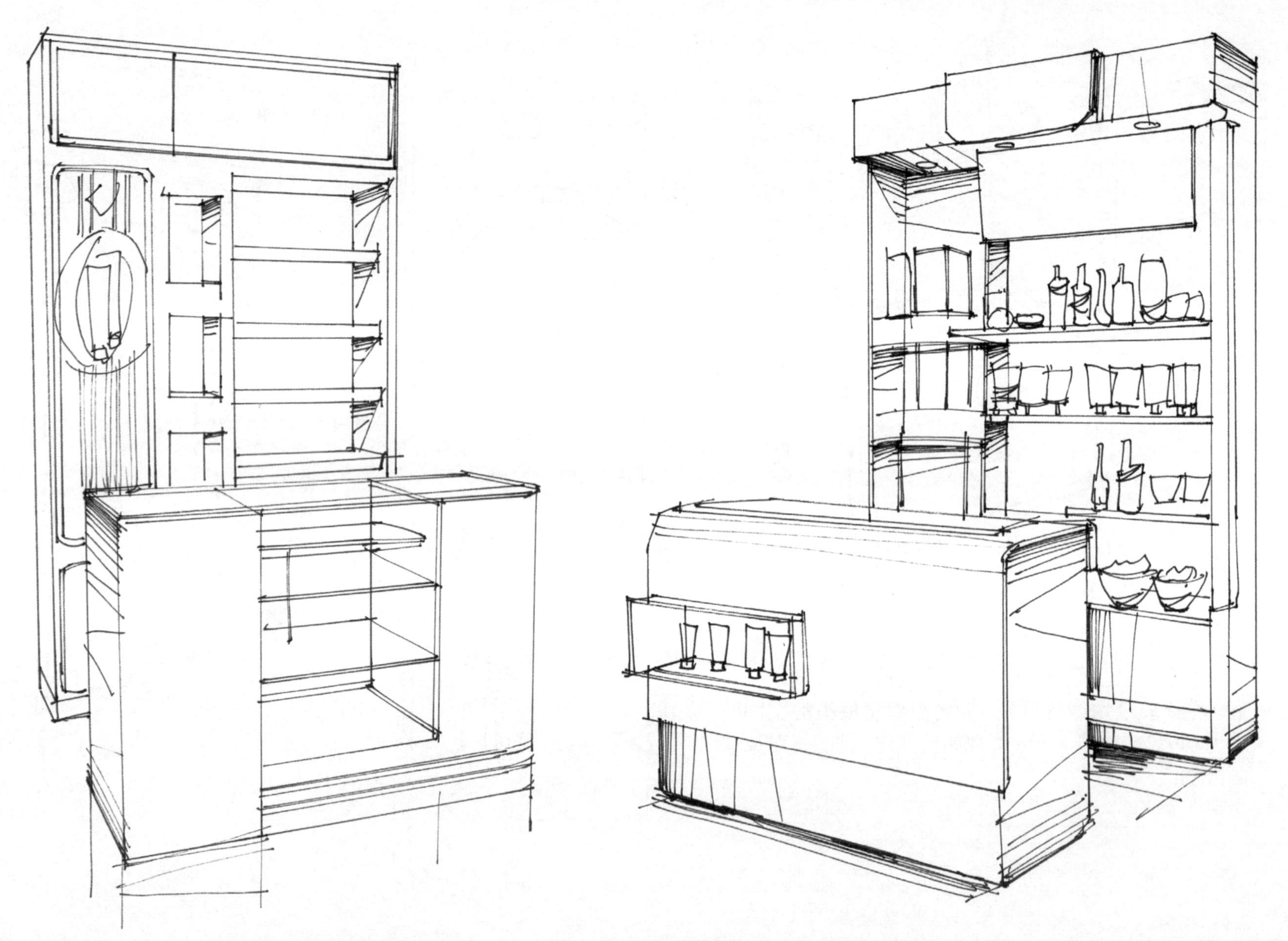

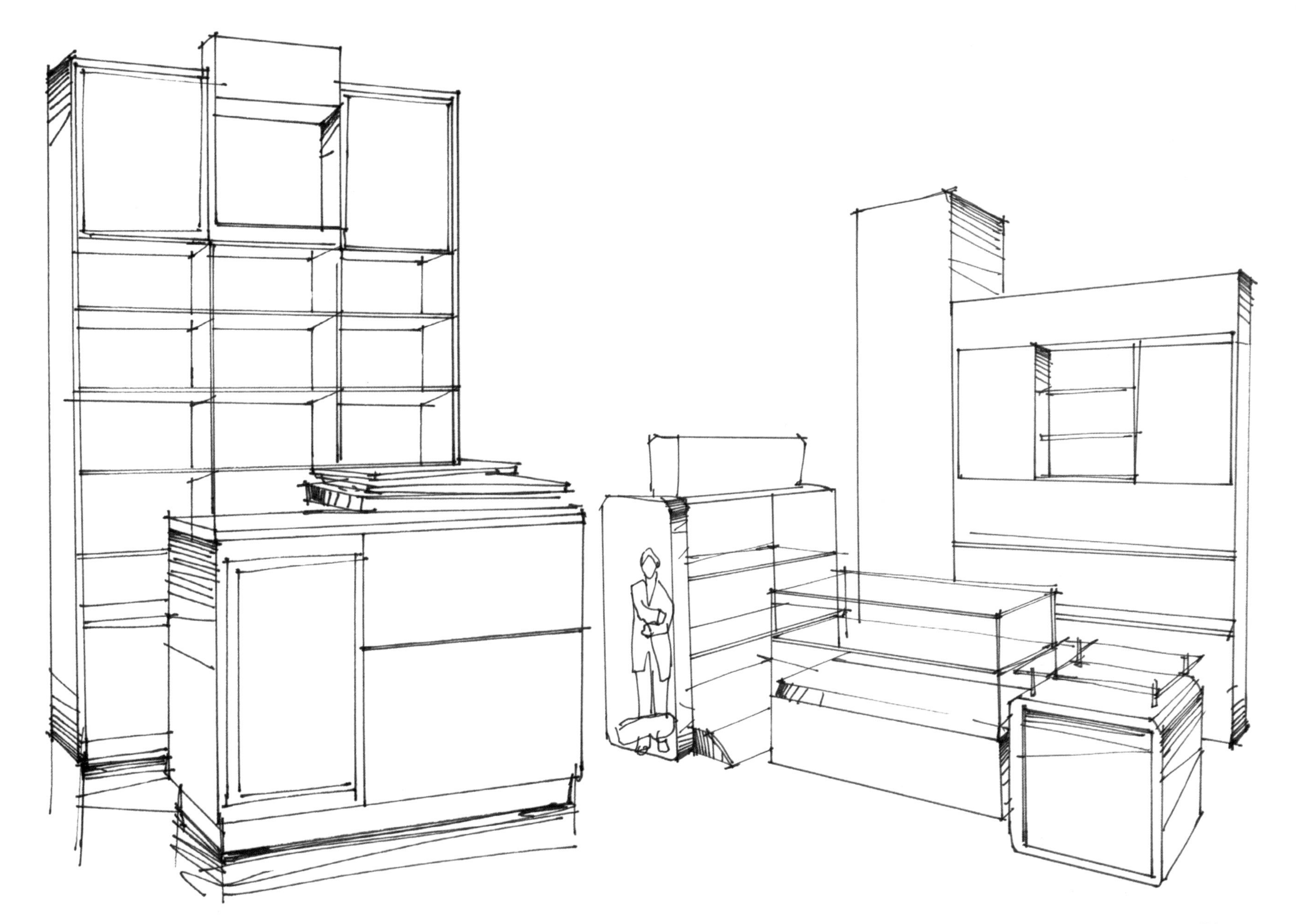

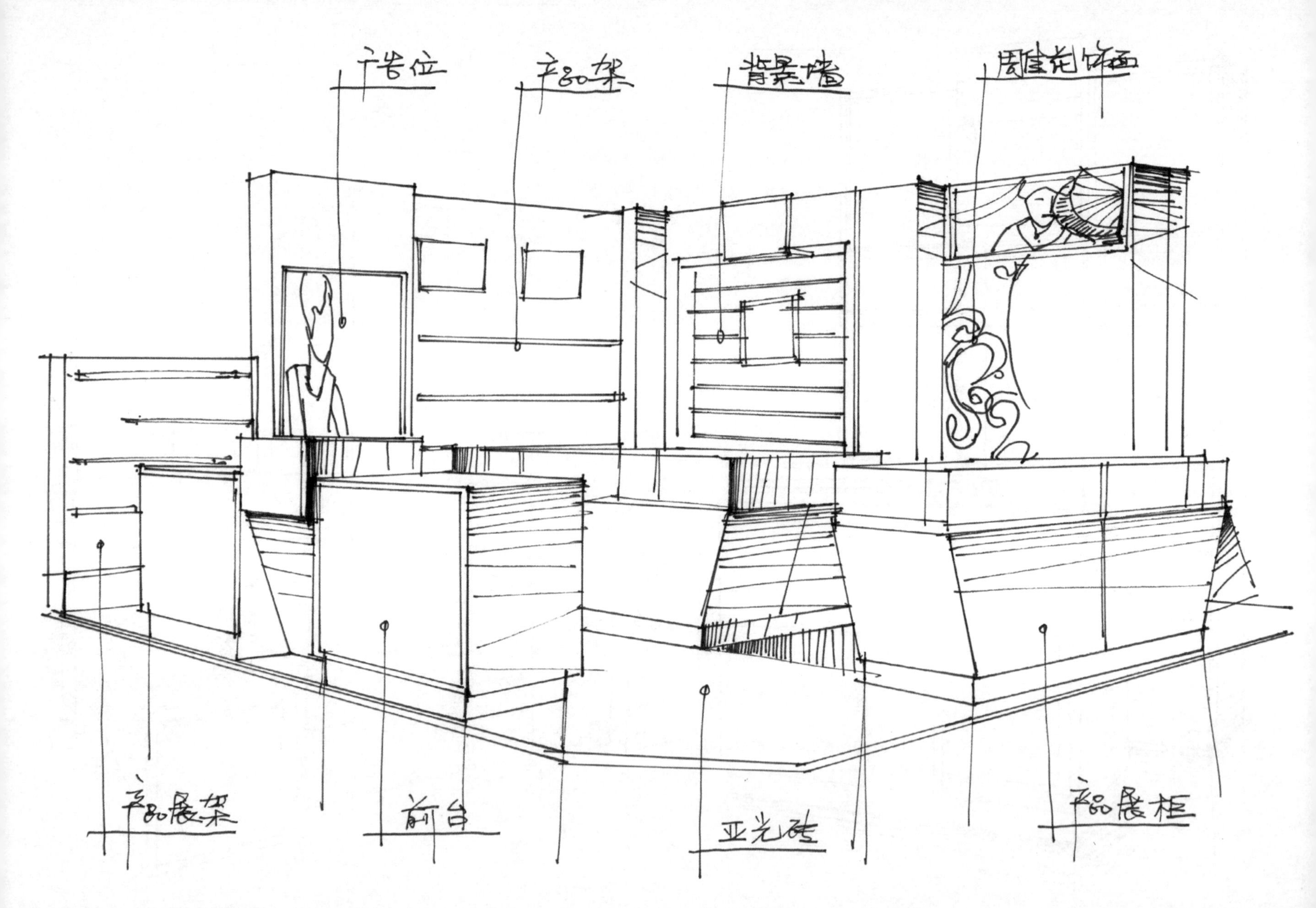
广告位
产品架
背景墙
周生生饰画
产品展架
前台
亚光砖
产品展柜

3.2 展示造型线稿表现

在画展示造型线稿的时候，先要理解展示造型的特点，以及整体展示空间的特点。在动手画的时候，也要将比例关系把握好。先将大的结构表现出来，然后再逐步画细节和局部。

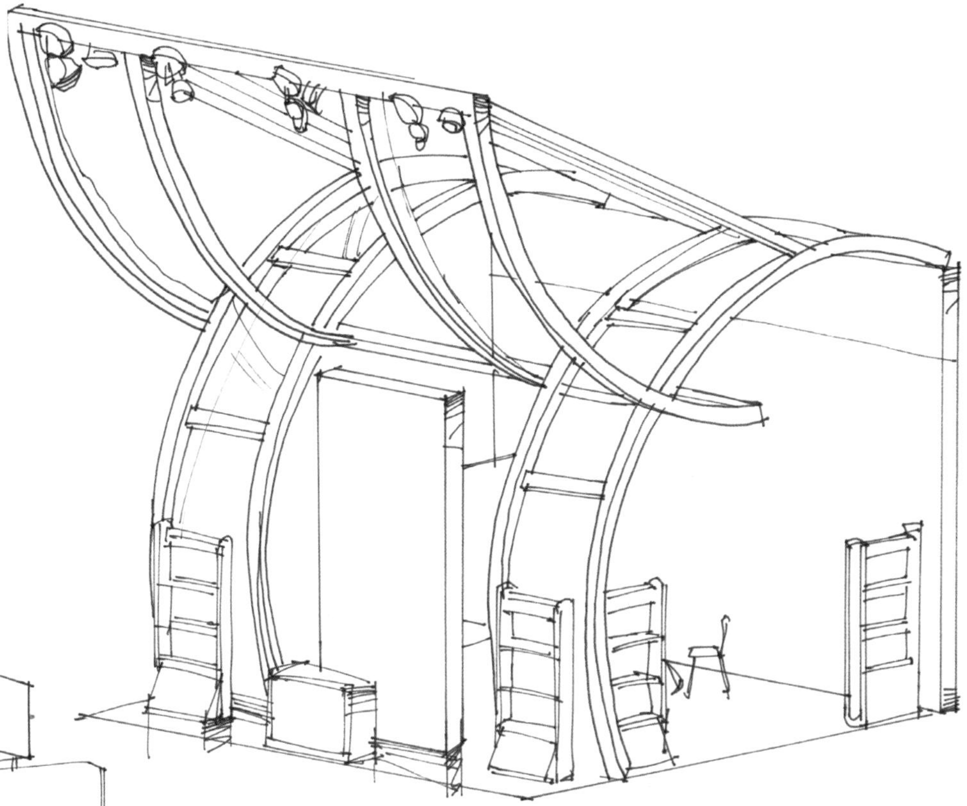

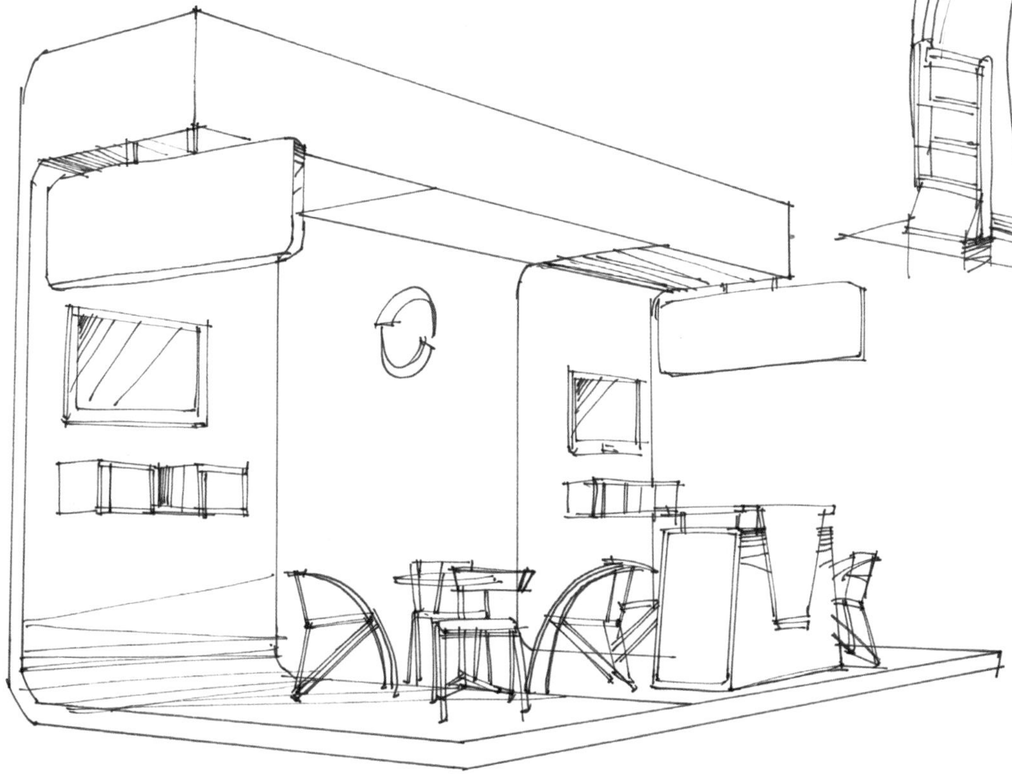

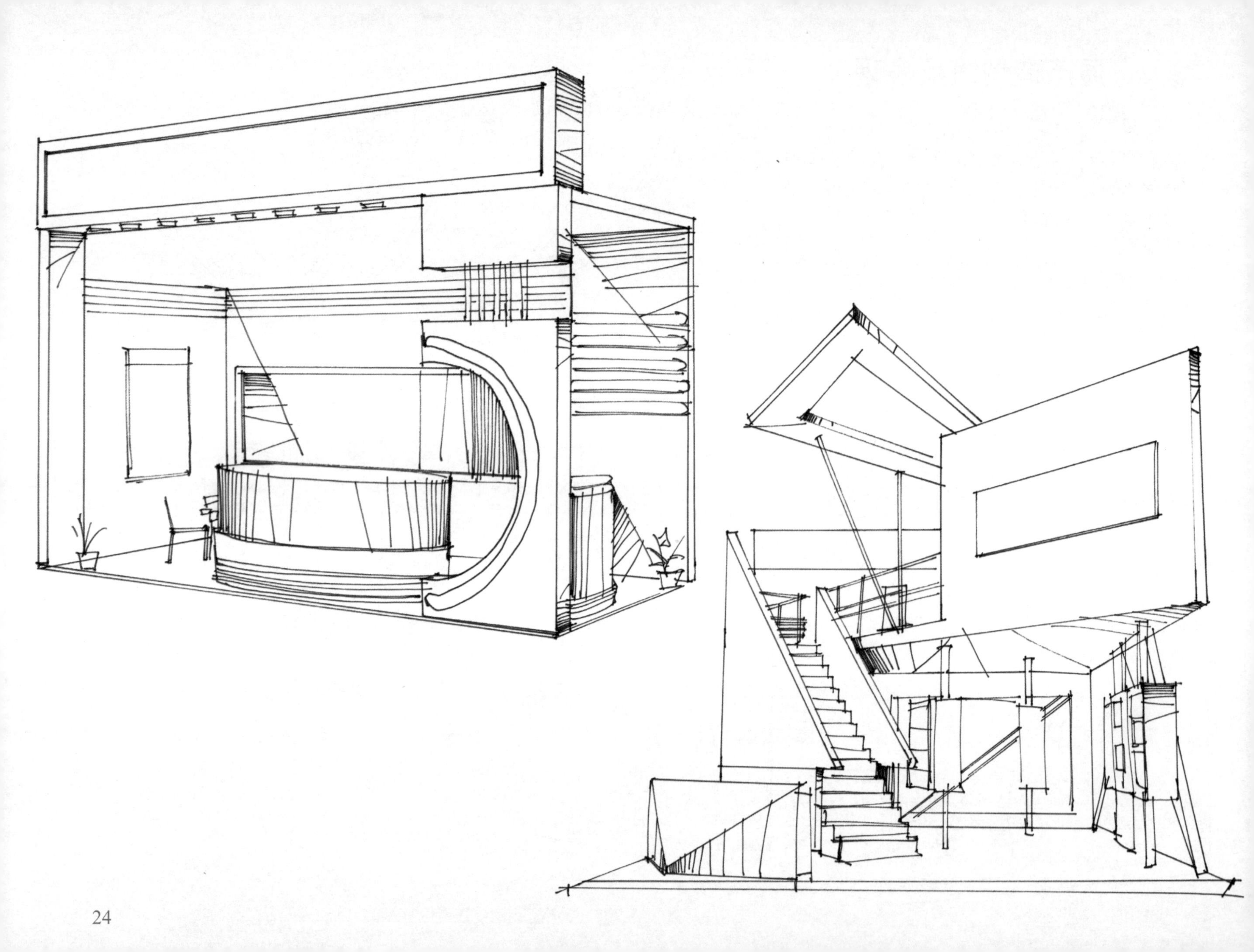

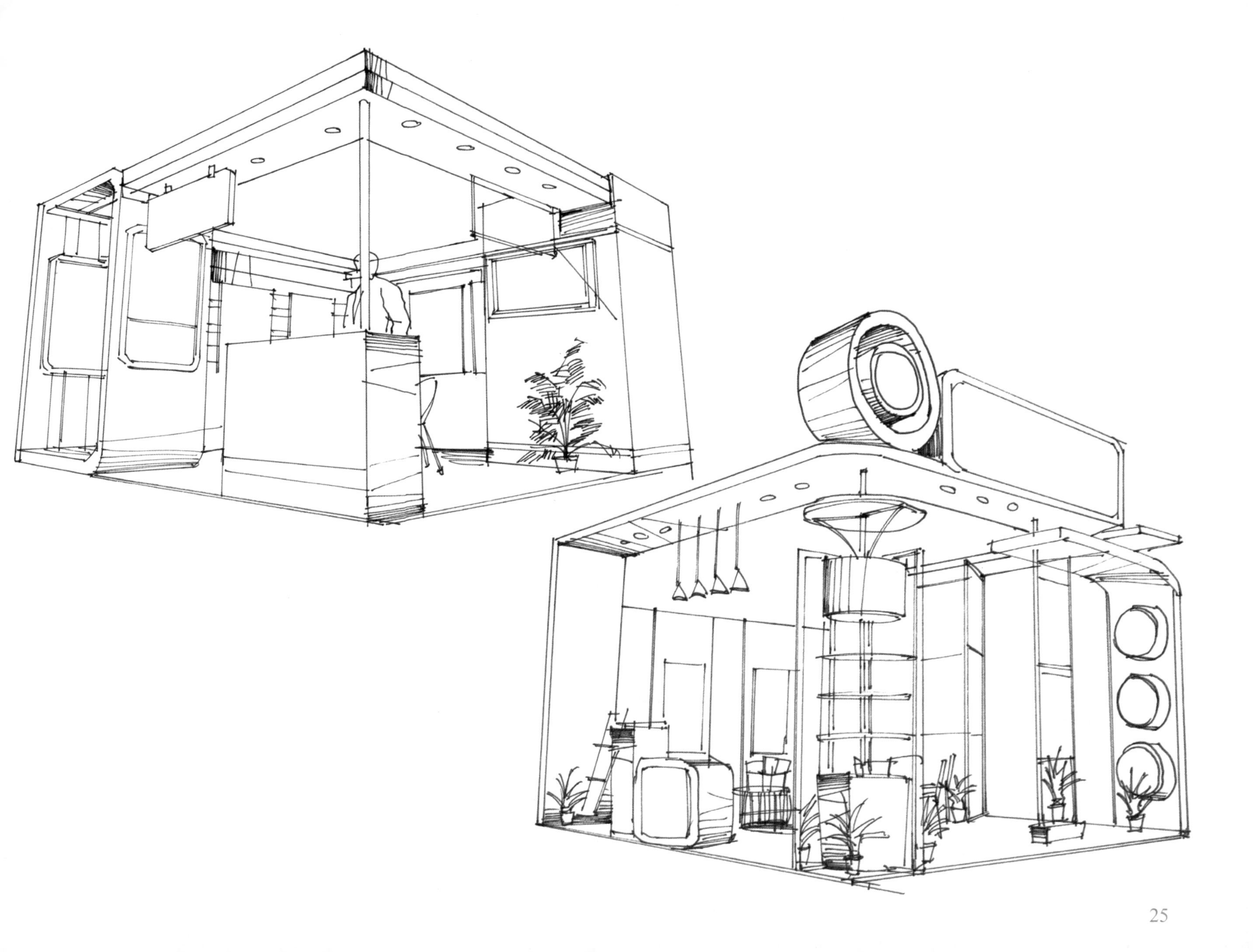

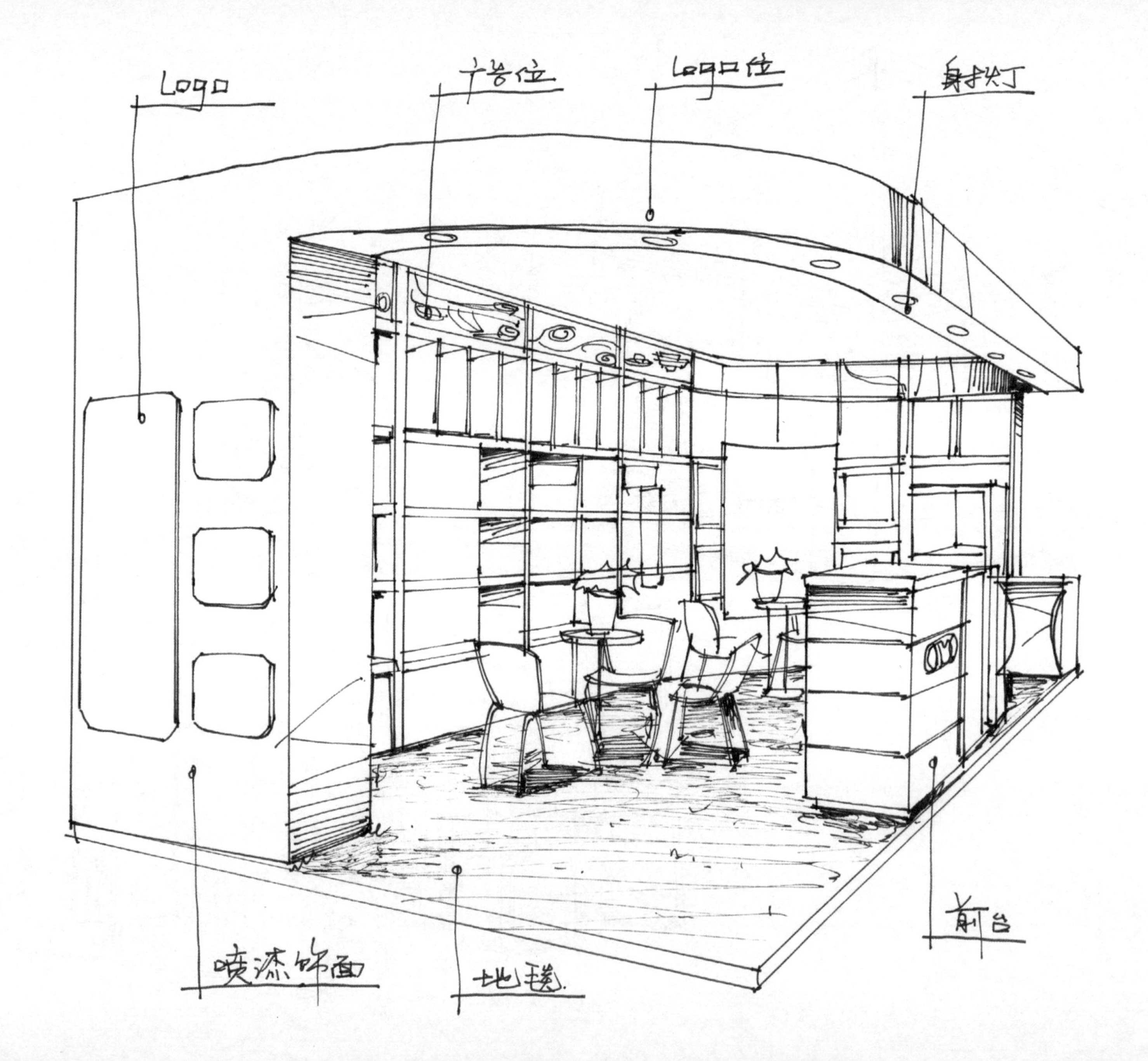
Logo
广告位
Logo位
射灯
前台
喷漆饰面
地毯

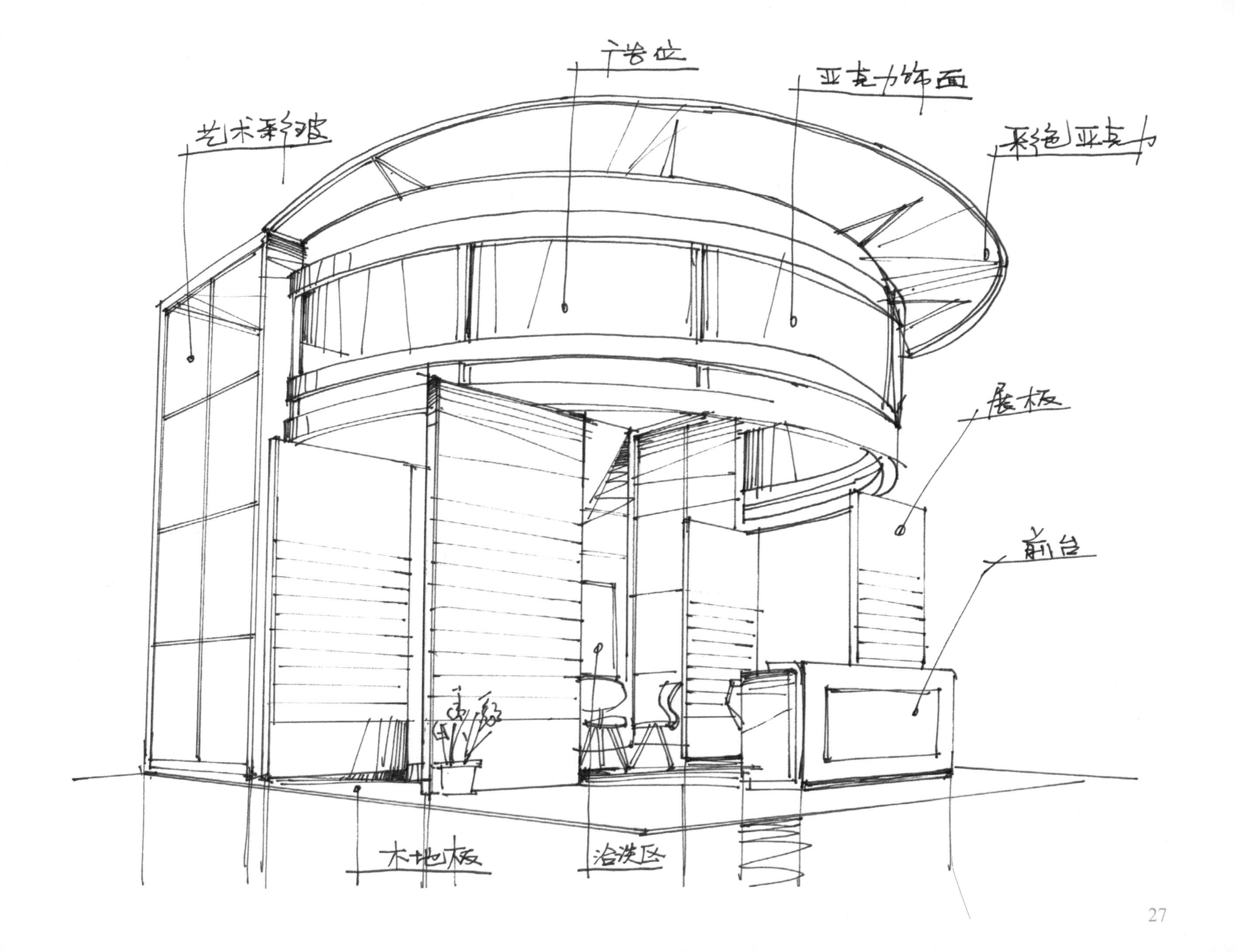
广告位
亚克力饰面
艺术彩玻
彩色亚克力
展板
前台
木地板
洽谈区

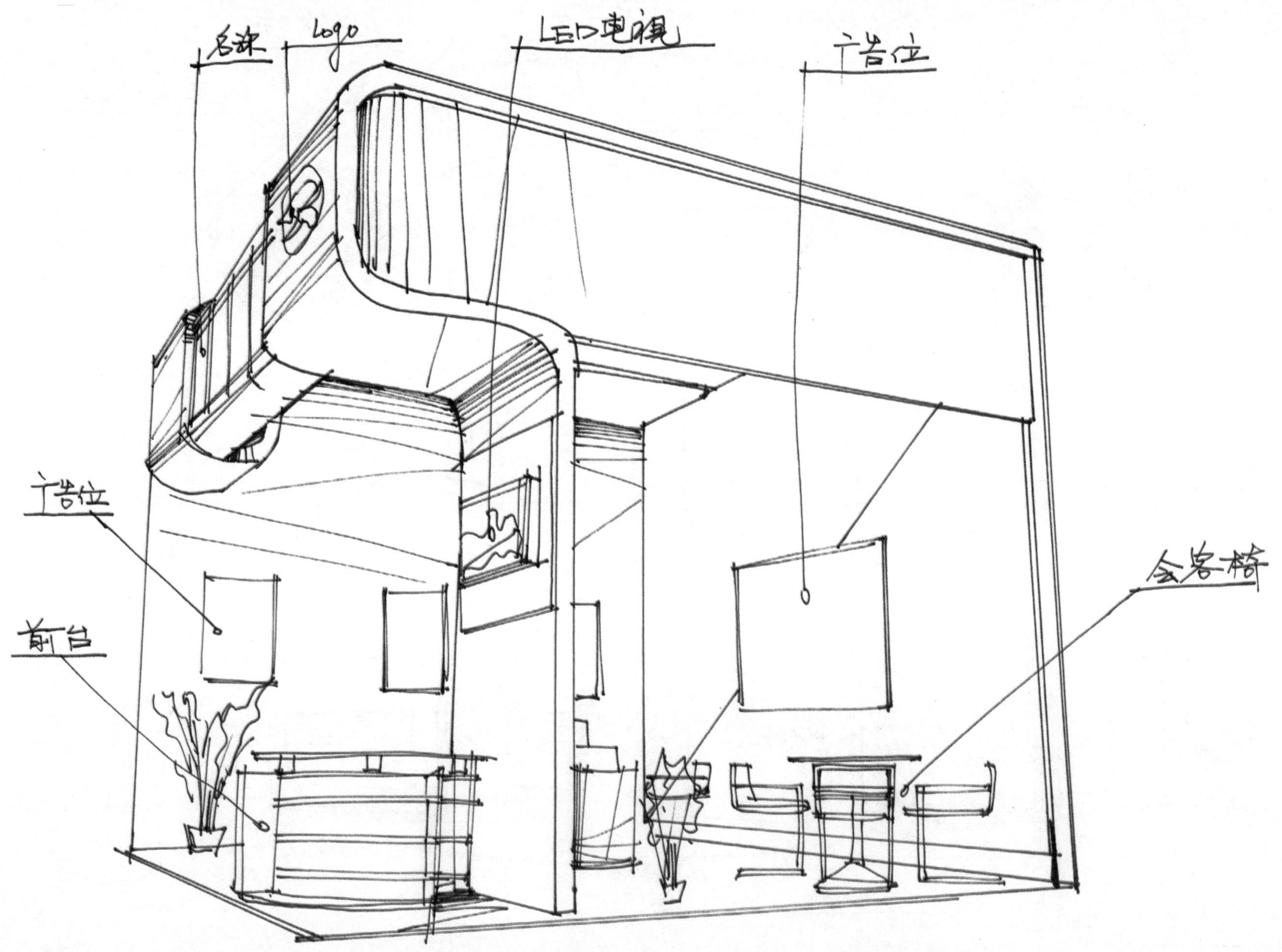
名称
logo
LED电视
广告位
广告位
会客椅
前台

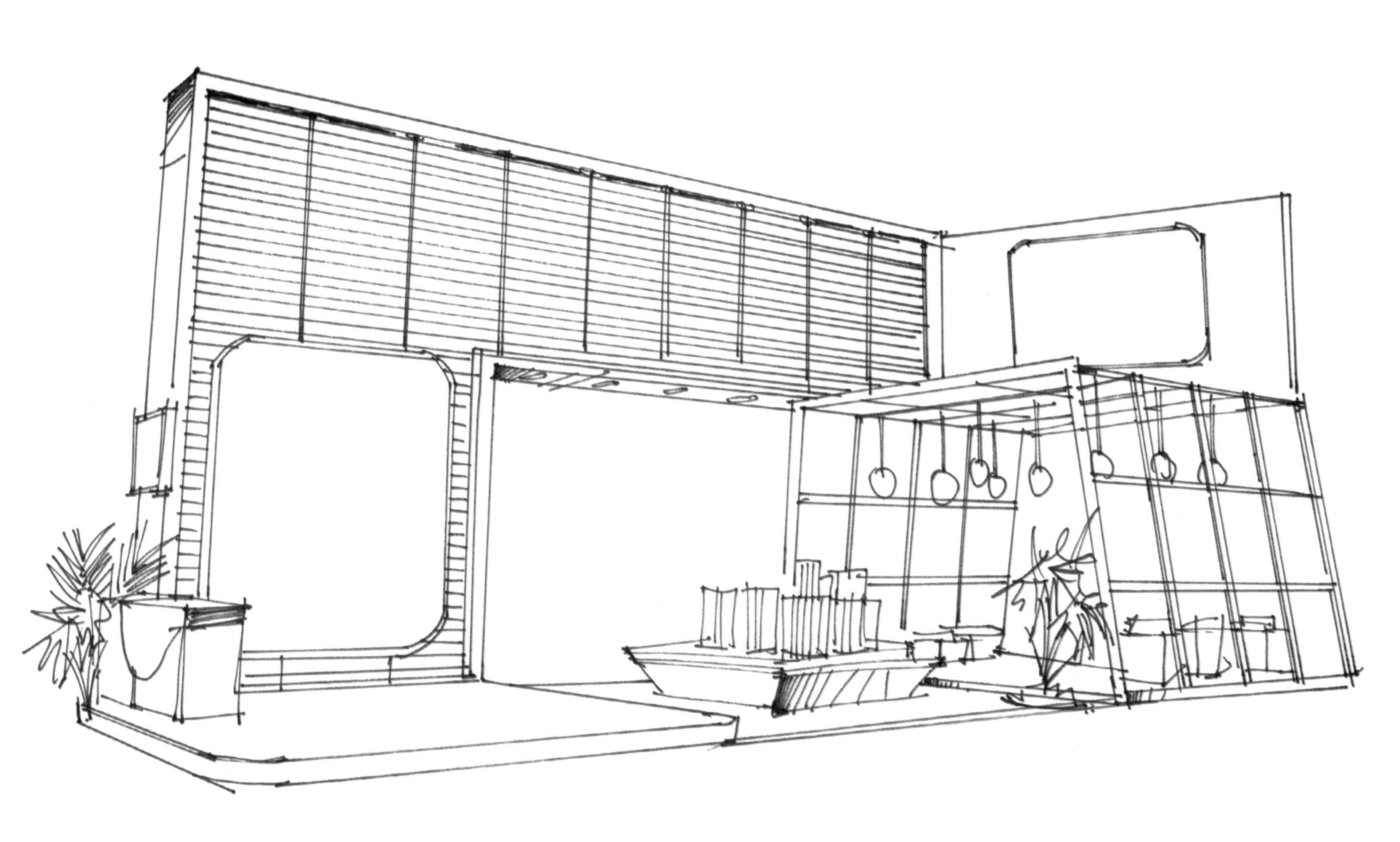

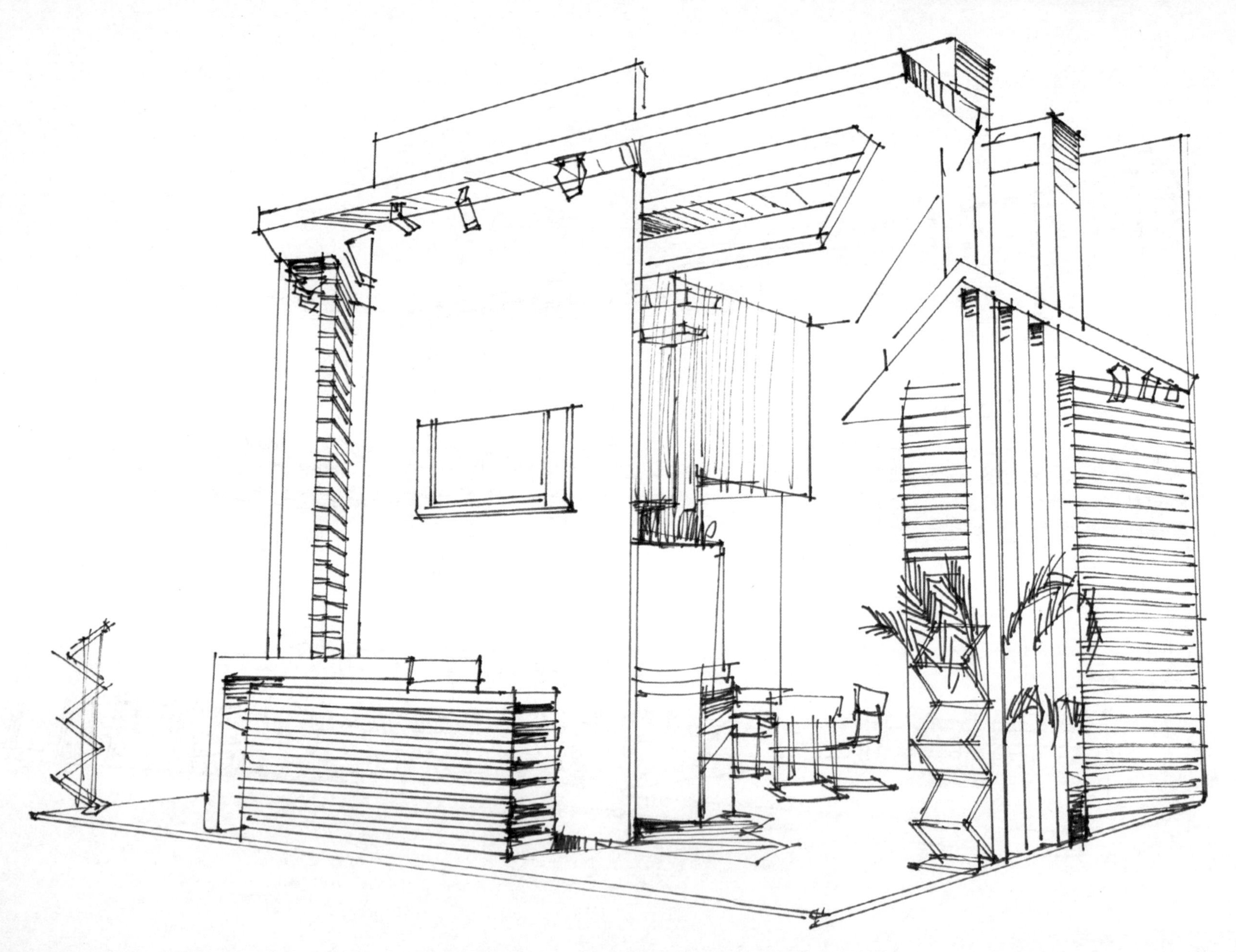

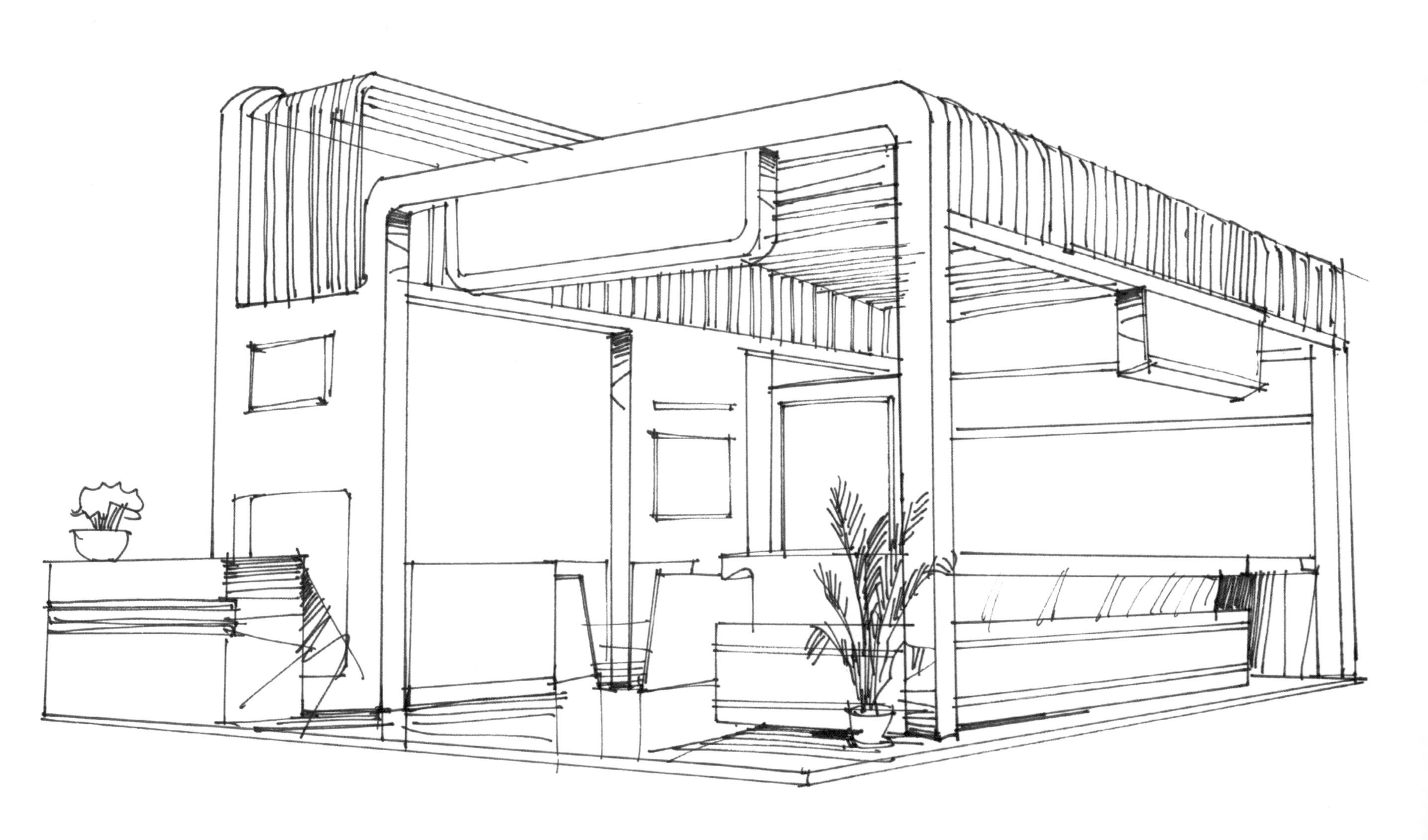

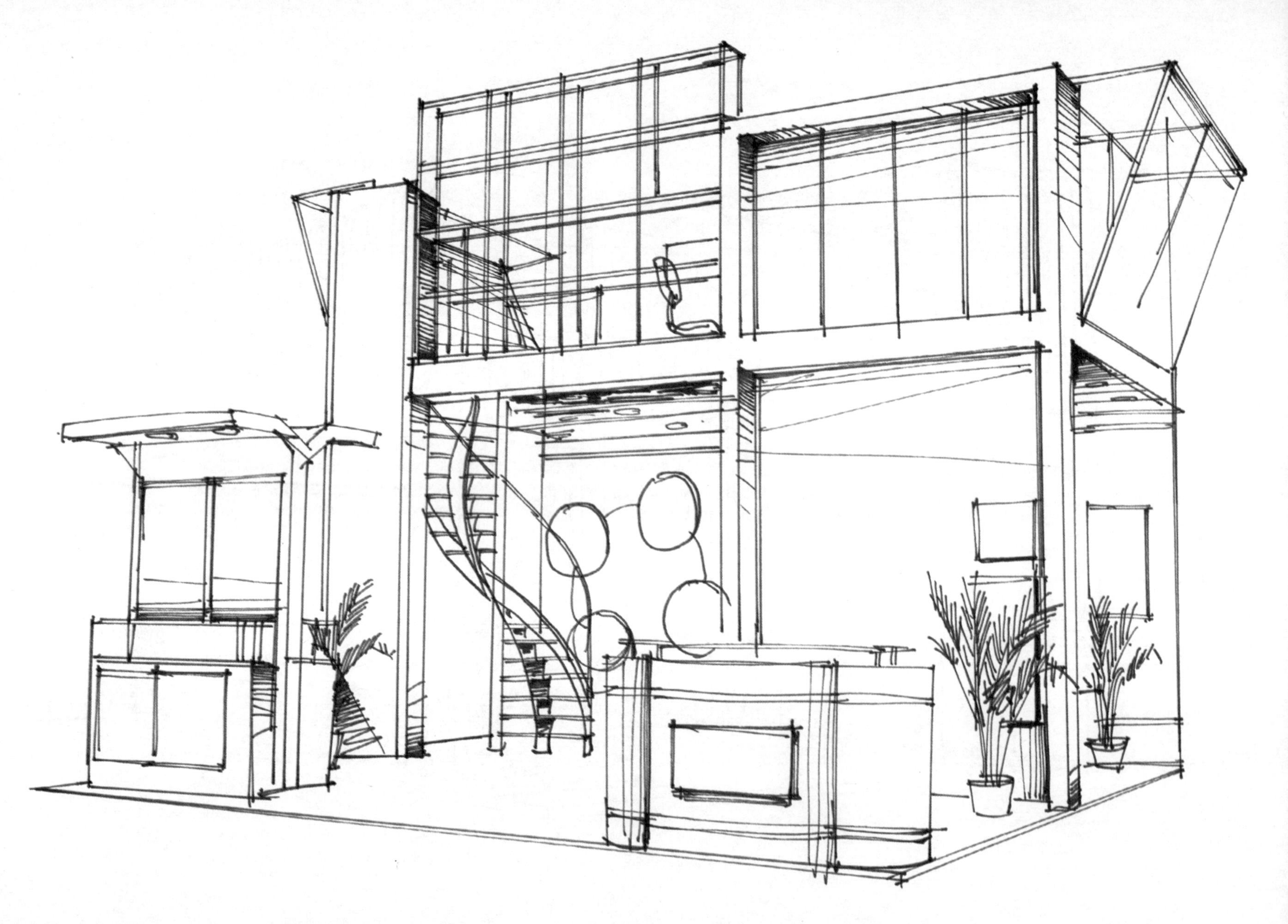

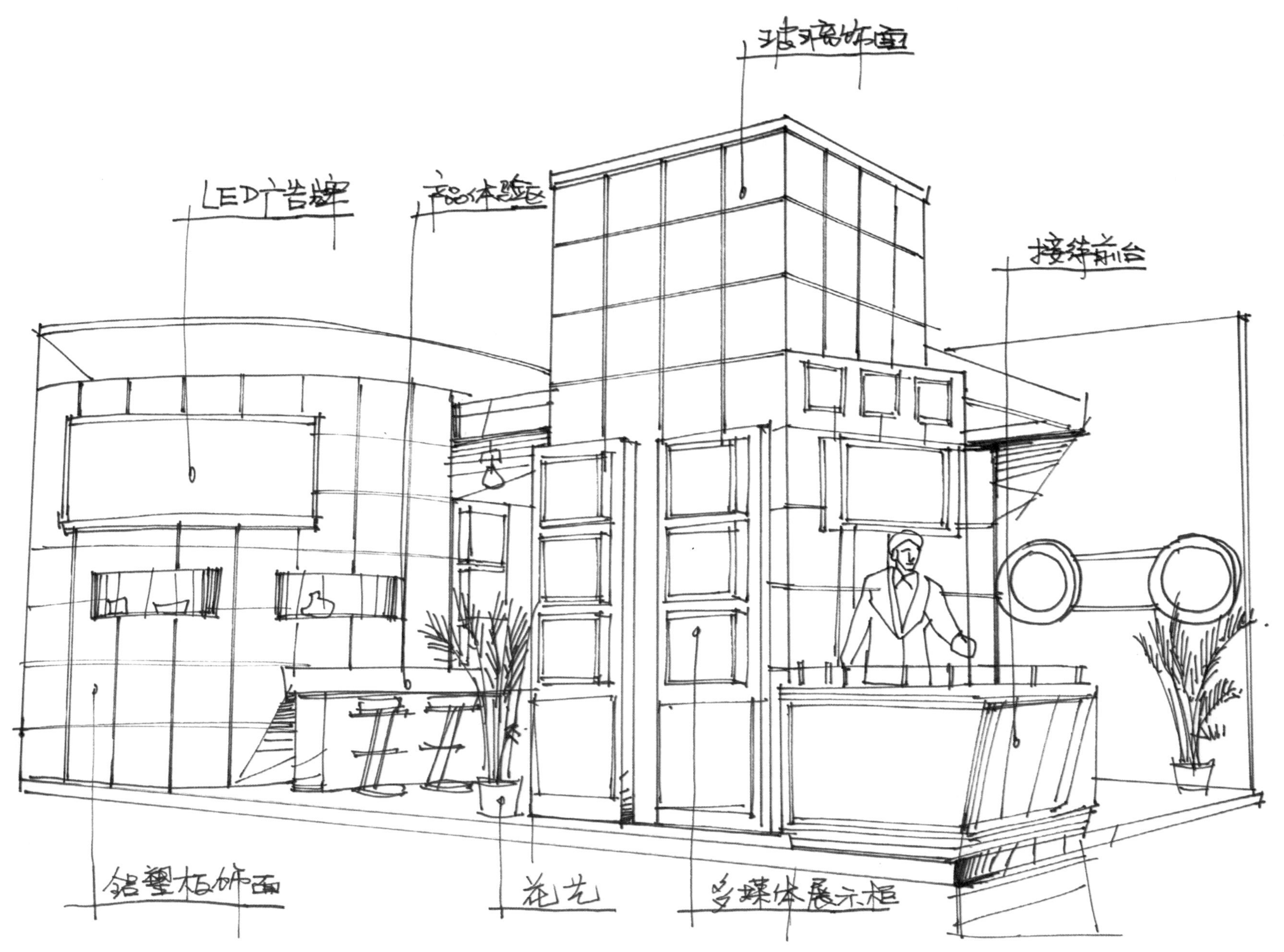
玻璃饰面
LED广告牌
产品体验区
接待前台
铝塑板饰面
花艺
多媒体展示柜

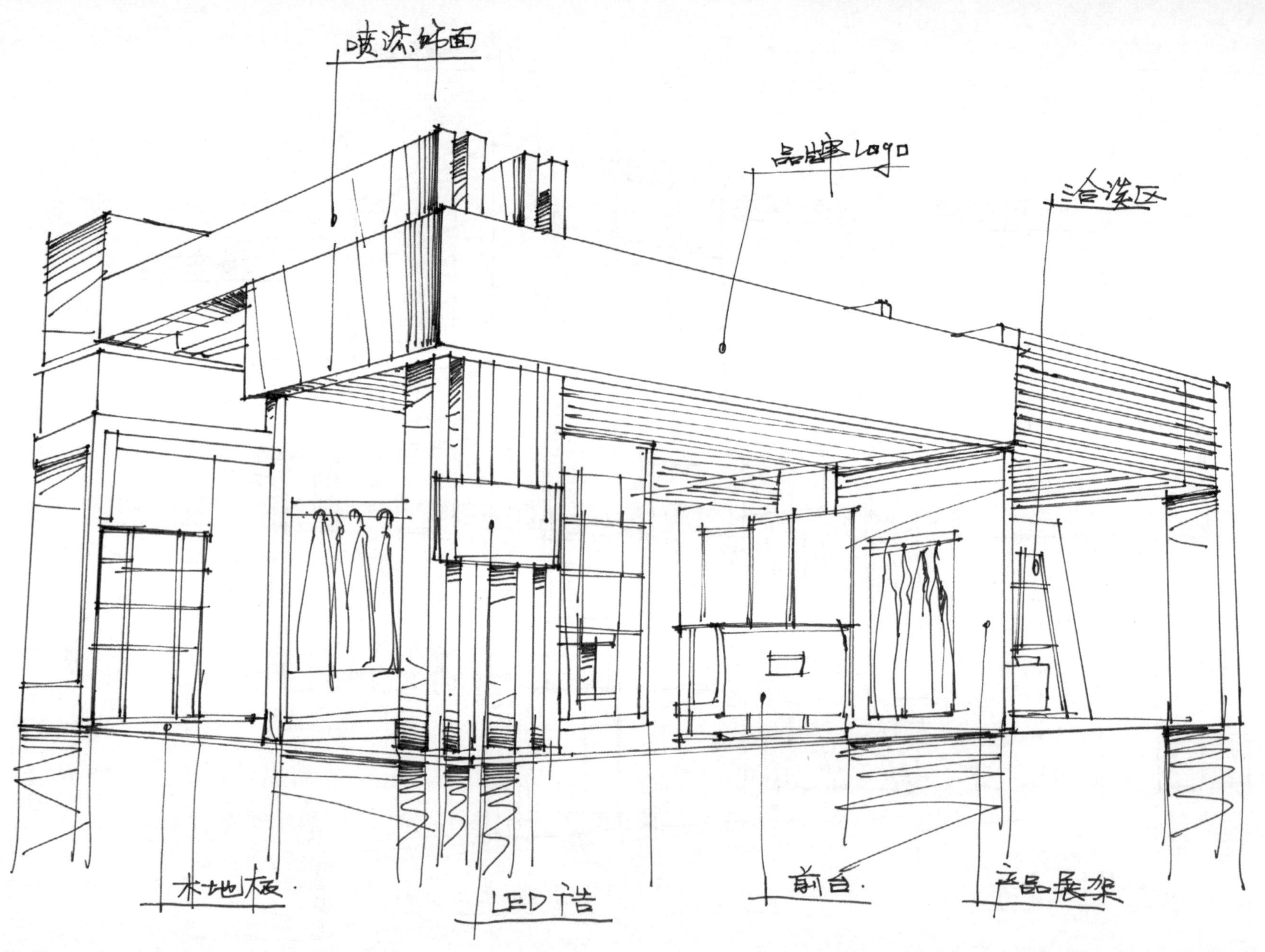
喷漆饰面
品牌Logo
洽谈区
木地板
LED广告
前台
产品展架

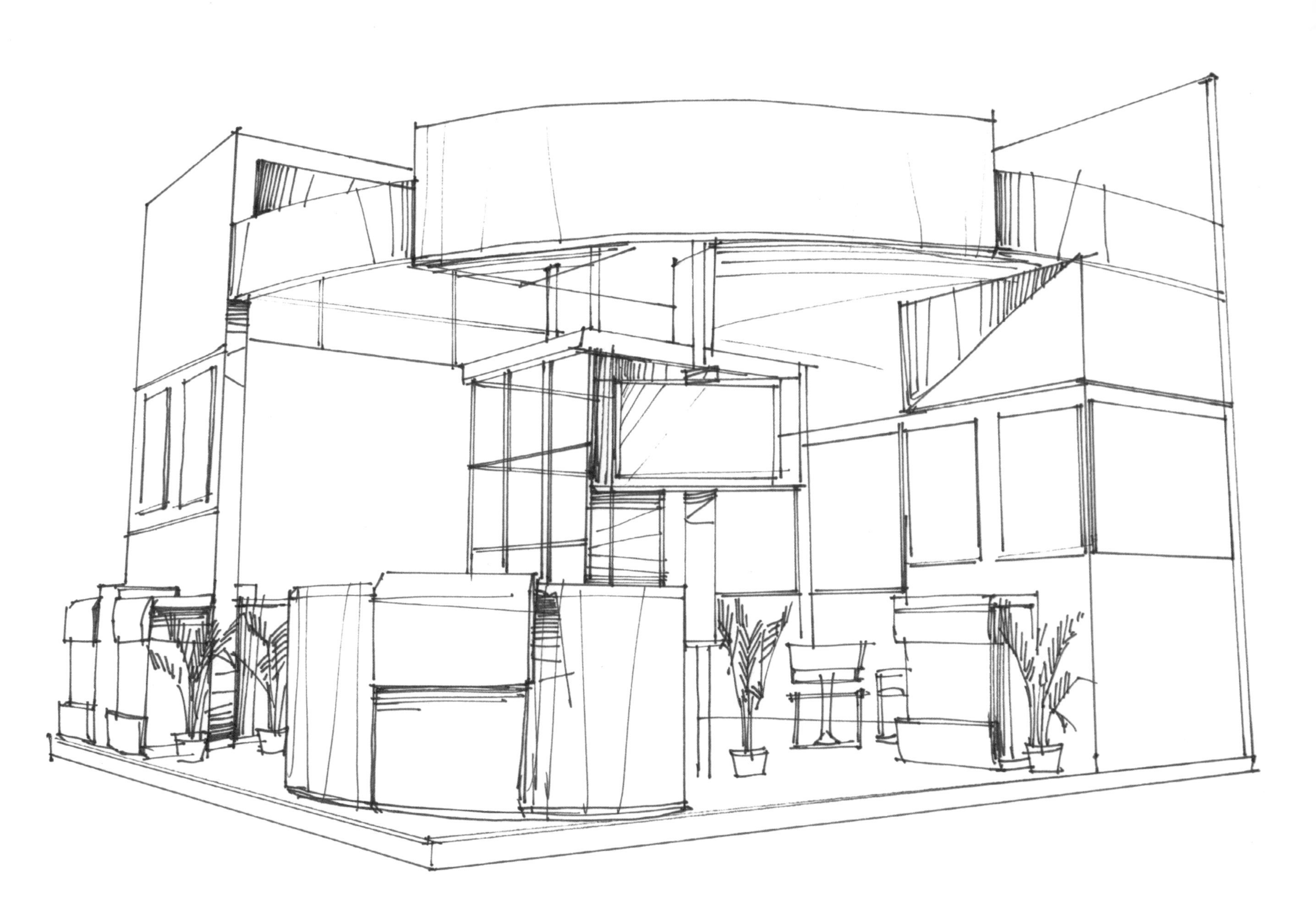

课后练习

1. 参考本章展柜线稿，临摹展柜线稿，用线表现出展柜的特点。
2. 找相关展柜造型图片，练习用线画展柜。
3. 参考本章展示空间线稿，临摹展示空间的线稿，表现出展示的造型特点。
4. 找一些展示造型图片，练习用线表现展示空间。
5. 构思展示空间造型，并用线表现出来。

第4章　展柜设计表现

4.1　饰品展柜设计表现

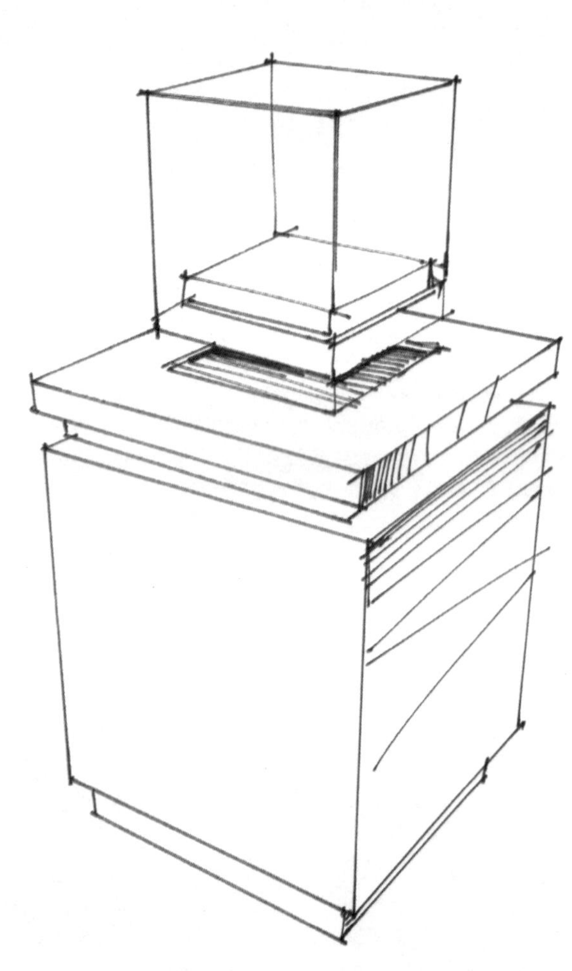

步骤一：先画出展柜的外形，然后用线画出暗部。

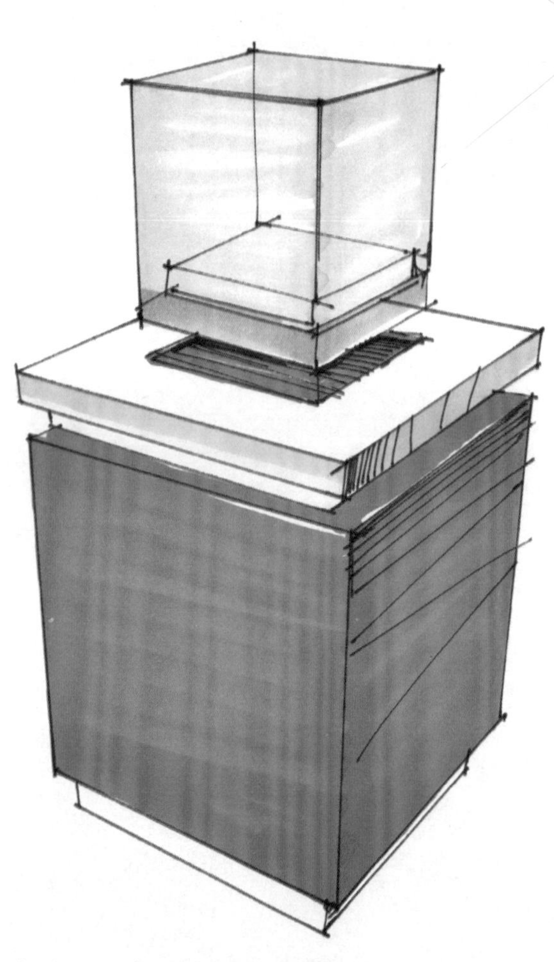

步骤二：确定展柜大体颜色，用马克笔铺出柜体和玻璃柜的大体颜色。

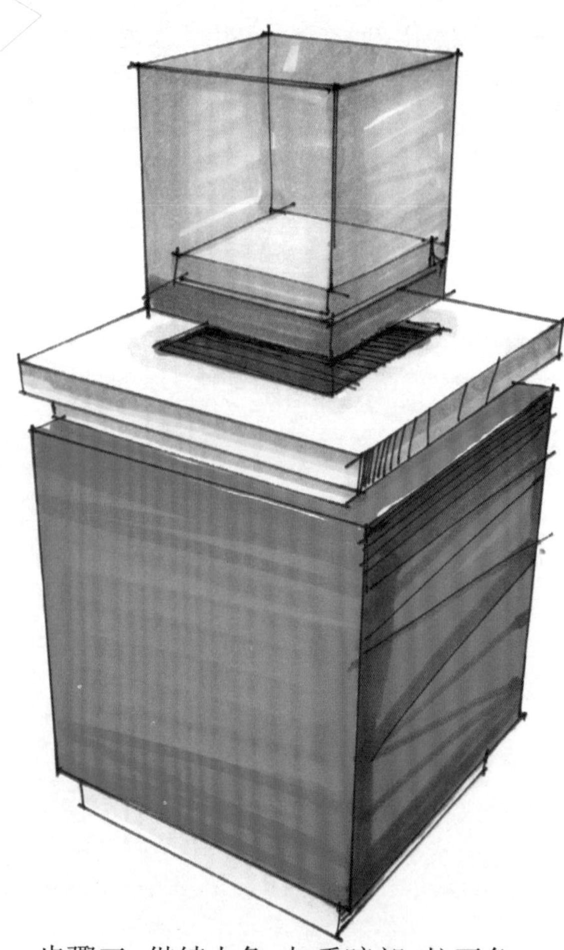

步骤三：继续上色，加重暗部，拉开色差，强调展柜的形体。

4.2 储物展柜设计表现

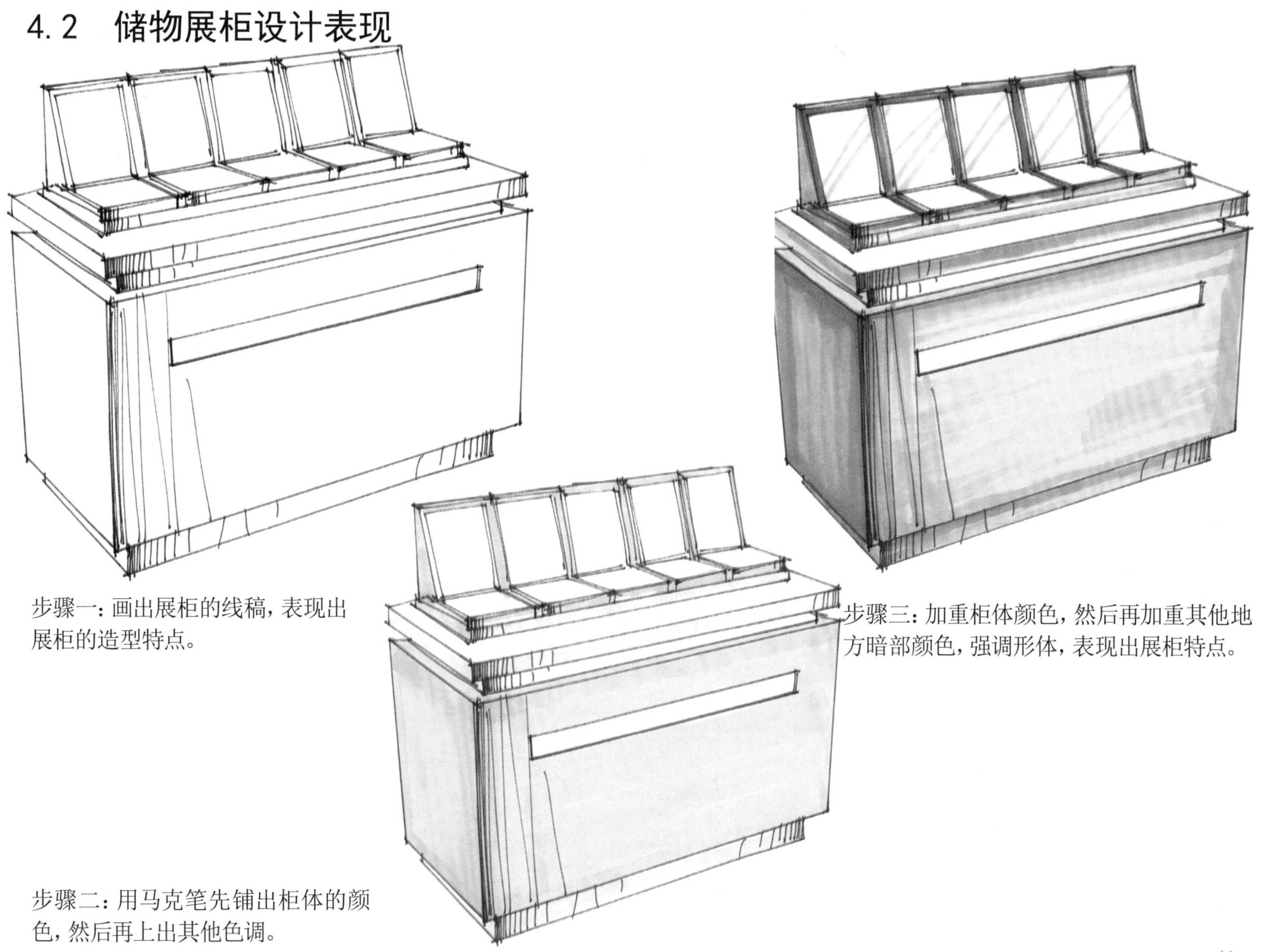

步骤一：画出展柜的线稿，表现出展柜的造型特点。

步骤二：用马克笔先铺出柜体的颜色，然后再上出其他色调。

步骤三：加重柜体颜色，然后再加重其他地方暗部颜色，强调形体，表现出展柜特点。

4.3 多层展柜设计表现

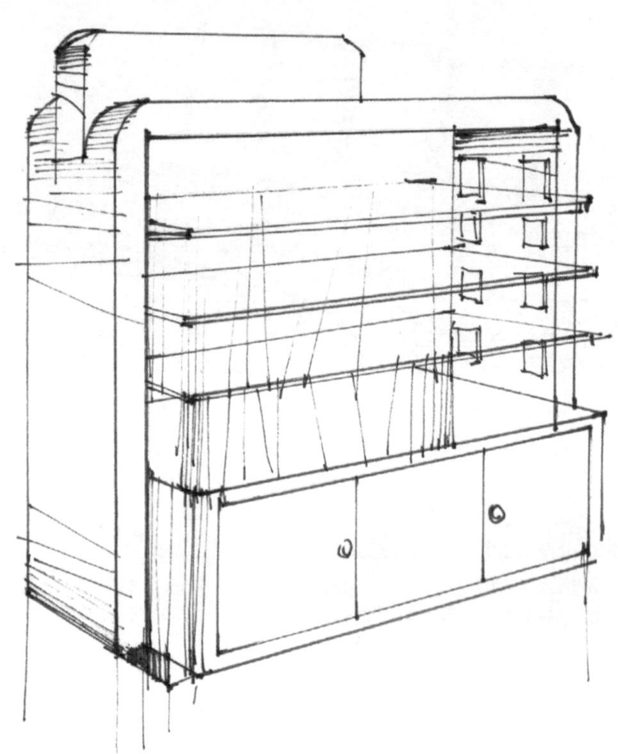

步骤一：用勾线笔画出展柜的线稿，并用线条加重暗部，强调展柜形体。

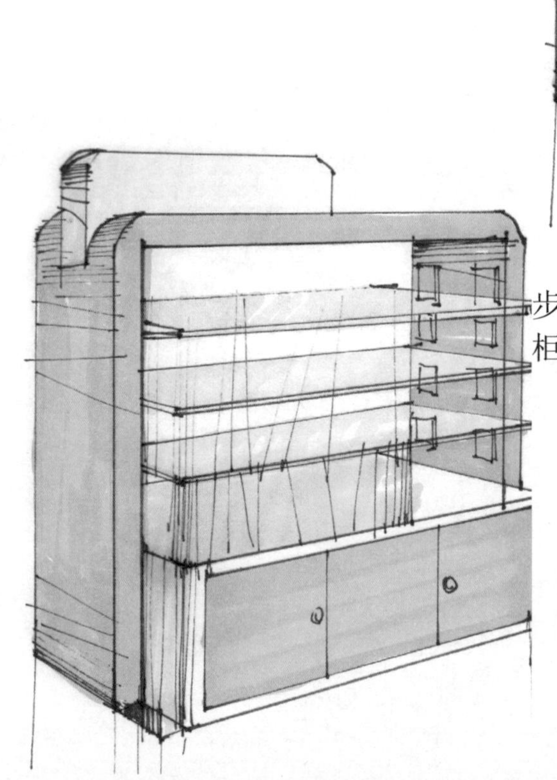

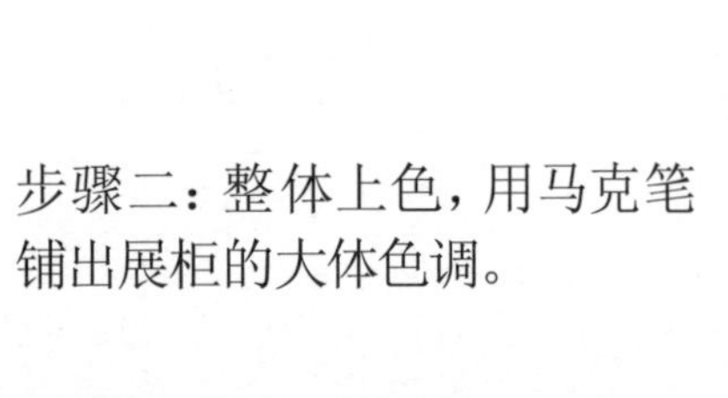

步骤二：整体上色，用马克笔铺出展柜的大体色调。

步骤三：加重柜体和玻璃台面色调，将展柜的特点表现出来。

4.4 货柜设计表现

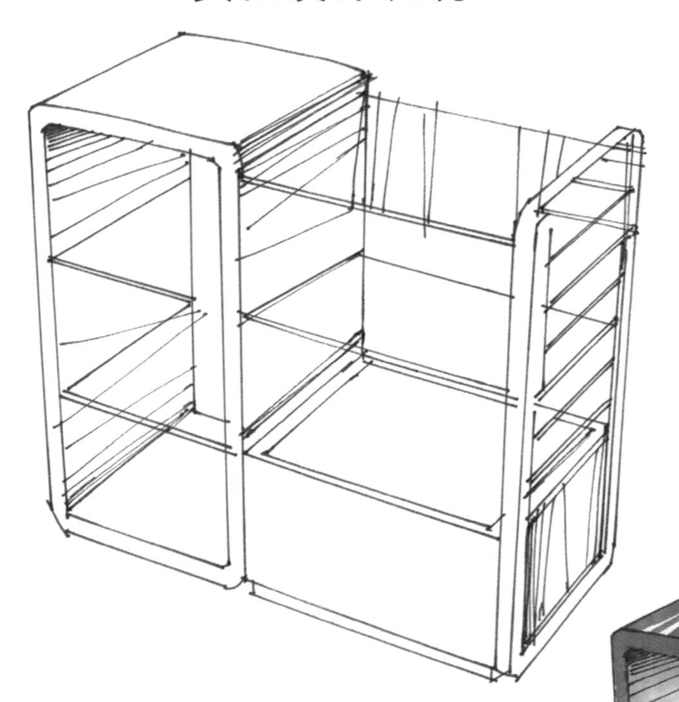

步骤一：用线先画出展柜的外轮廓线，然后用线条表现展柜的形体和材质特点。

步骤二：用马克笔上出柜体和玻璃的大体颜色。

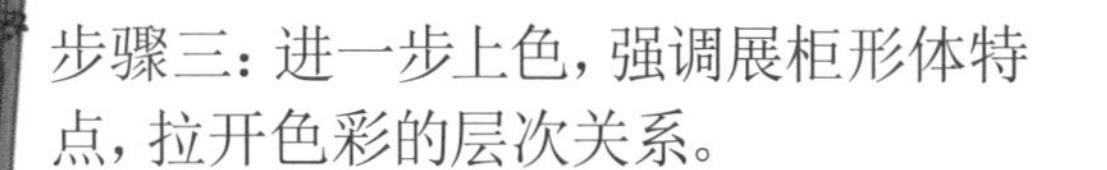

步骤三：进一步上色，强调展柜形体特点，拉开色彩的层次关系。

4.5 高低展柜设计表现

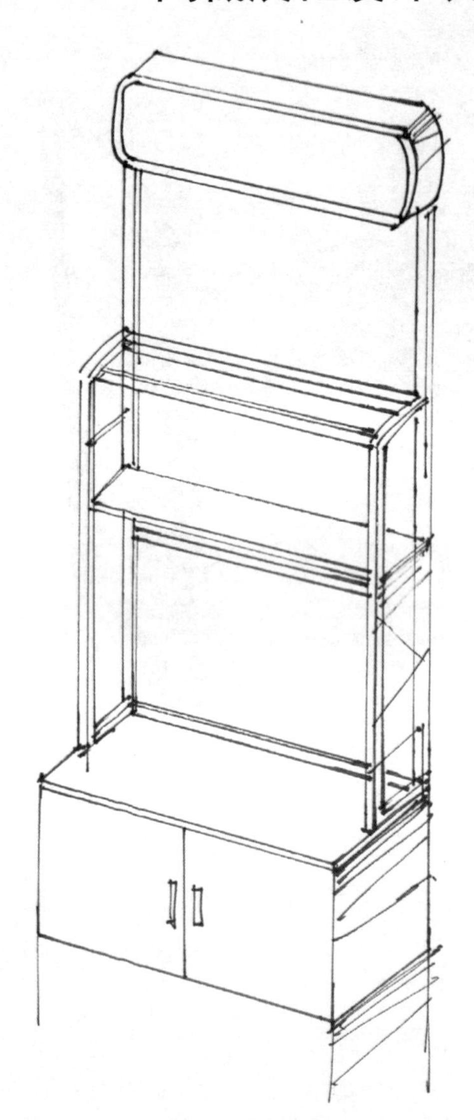

步骤一：用线表现出展柜的造型特点，并在柜子底部画暗部和投影。

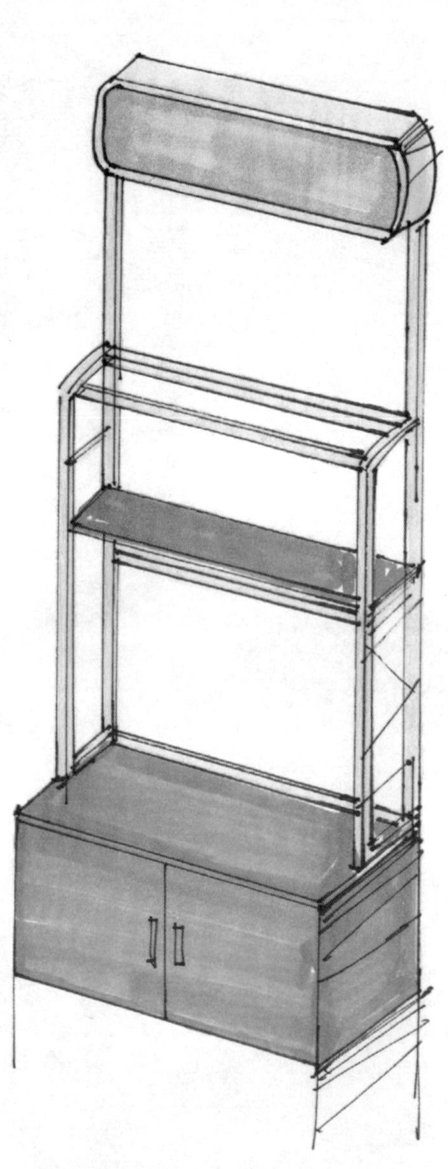

步骤二：用马克笔表现出展柜柜体的大色调。

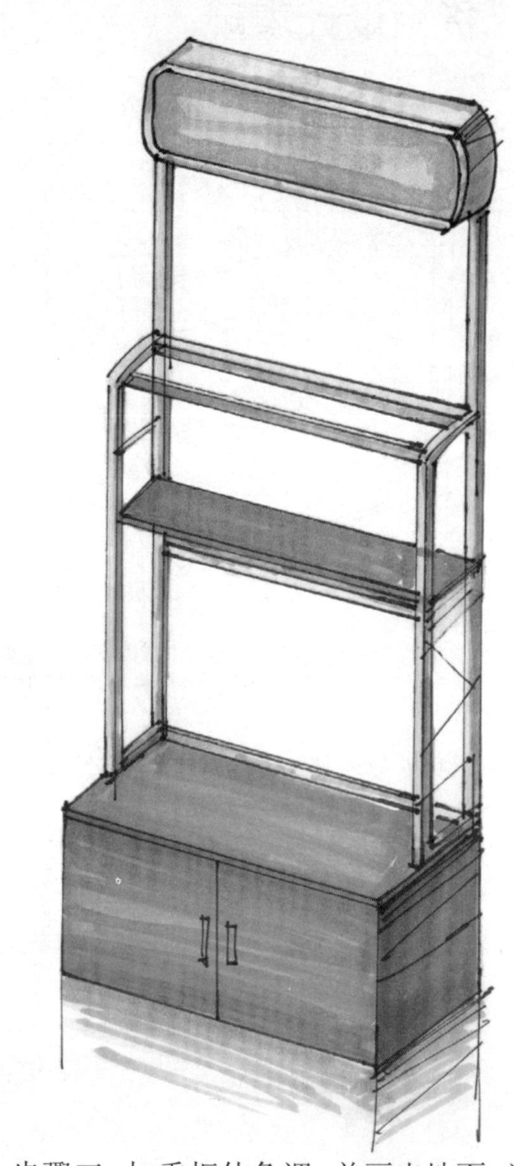

步骤三：加重柜体色调，并画出地面，进一步表现展柜的特点。

4.6 化妆品展柜表现

步骤一：用线画出展柜的线稿，表现出展柜的形体特点。

步骤二：用马克笔先上出展柜的主色调，然后铺出展柜暗部色调。

步骤三：从柜子的形体出发，进一步上色，加重局部色调，突出展柜特点。

4.7 数码展柜设计表现

步骤一：先画出展柜的形体轮廓，然后再画出展柜细节，最后用线强调展柜形体。

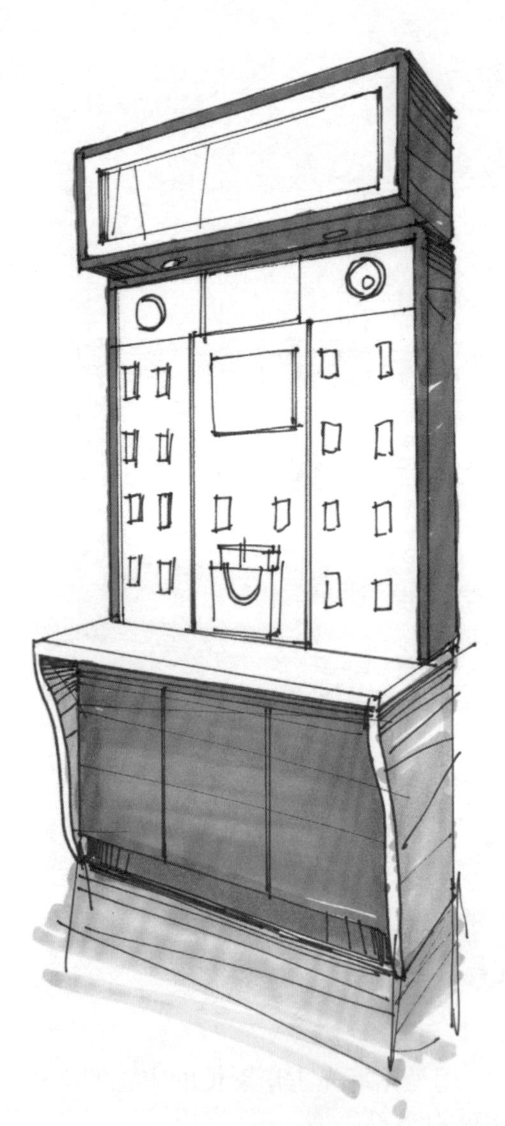

步骤二：从展柜主色调出发，用马克笔铺出展柜柜体和地面大体颜色。

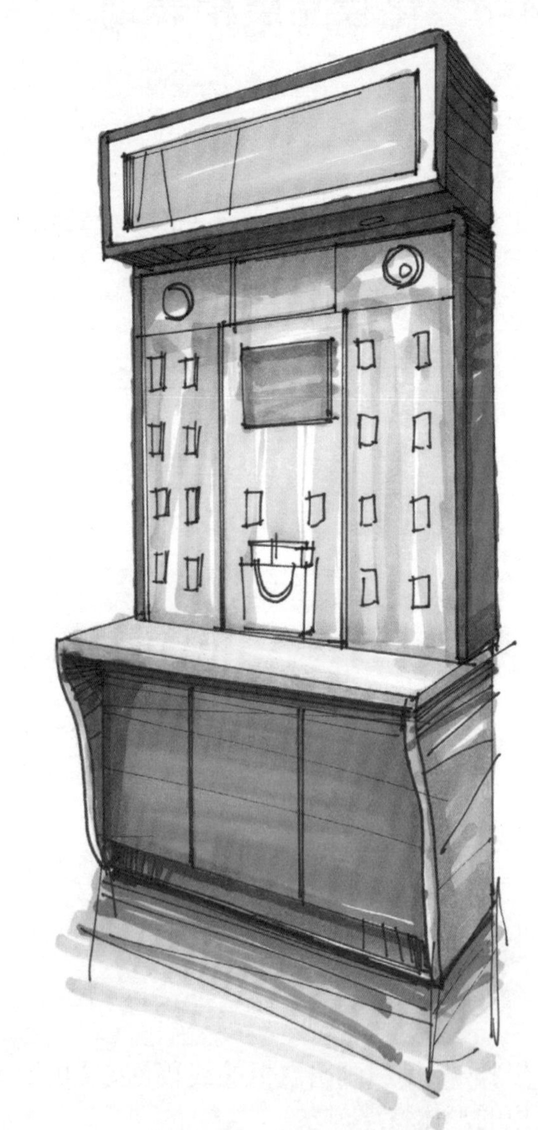

步骤三：进一步上色，上出展柜顶部和中间的颜色，并局部加重色调，将展柜表现完整。

4.8 玻璃展柜设计表现

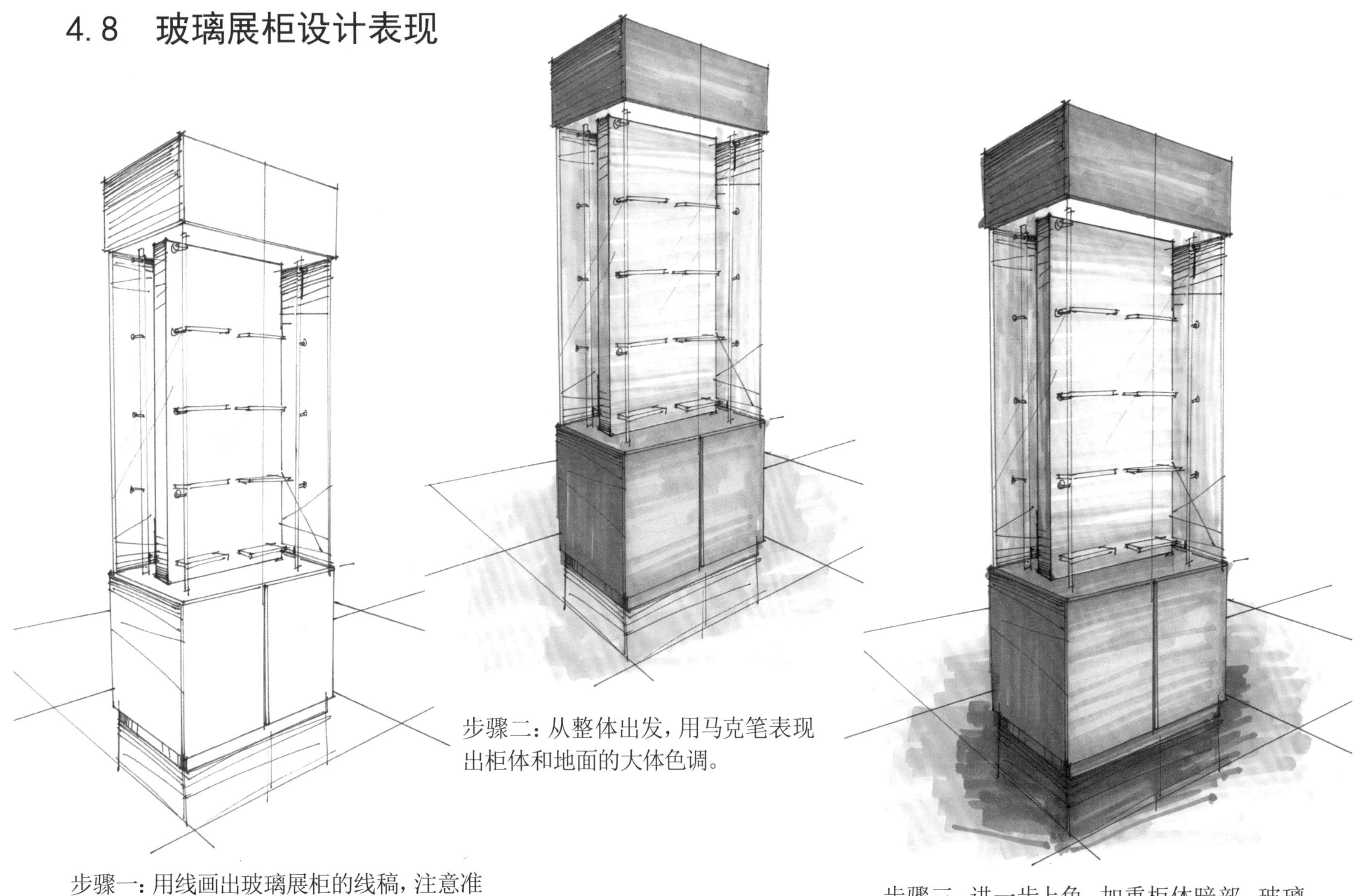

步骤二：从整体出发，用马克笔表现出柜体和地面的大体色调。

步骤一：用线画出玻璃展柜的线稿，注意准确表现出玻璃窗的特点，然后画出地面。

步骤三：进一步上色，加重柜体暗部、玻璃窗及地面的颜色，突出展柜的特点。

4.9 组合展柜设计表现（一）

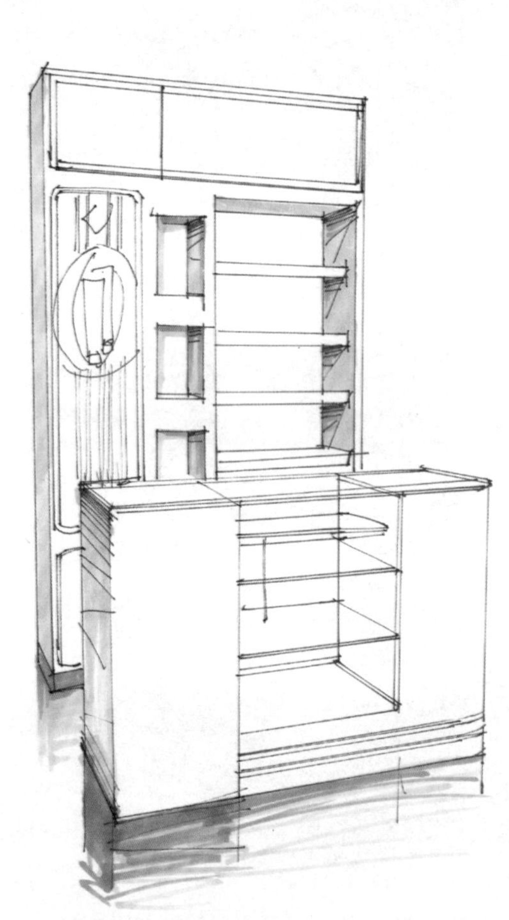

步骤二：用马克笔上出组合展柜的大体色调。

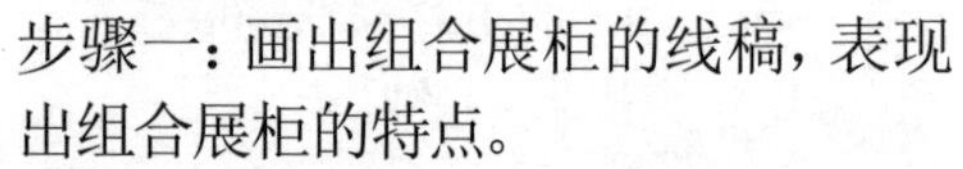

步骤一：画出组合展柜的线稿，表现出组合展柜的特点。

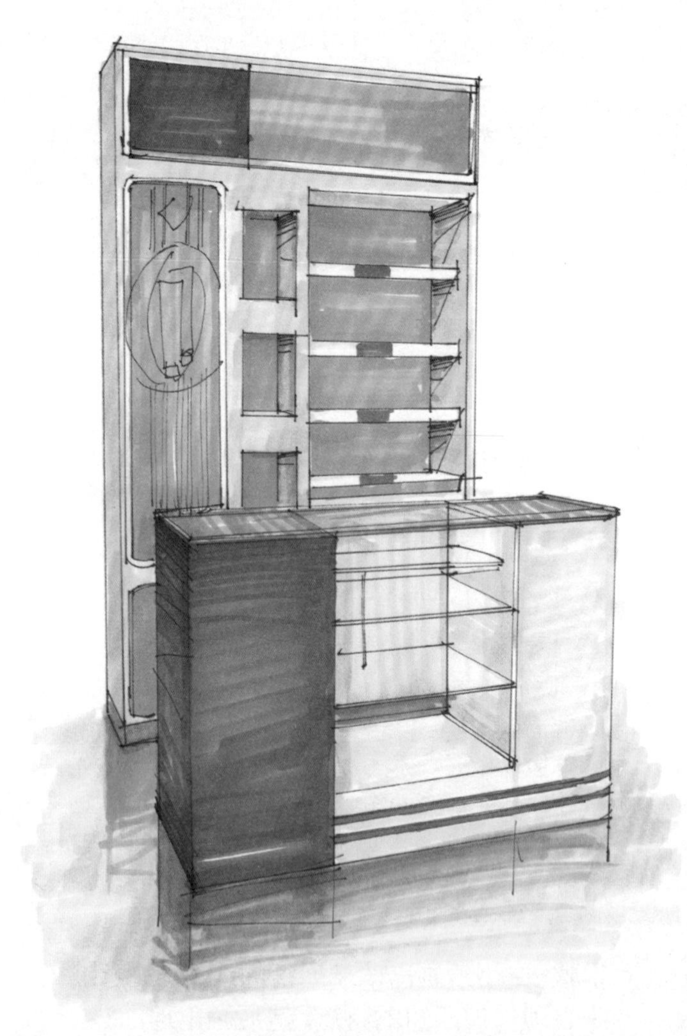

步骤三：进一步上色，强调展柜特点，并画出地面。

4.10 组合展柜表现（二）

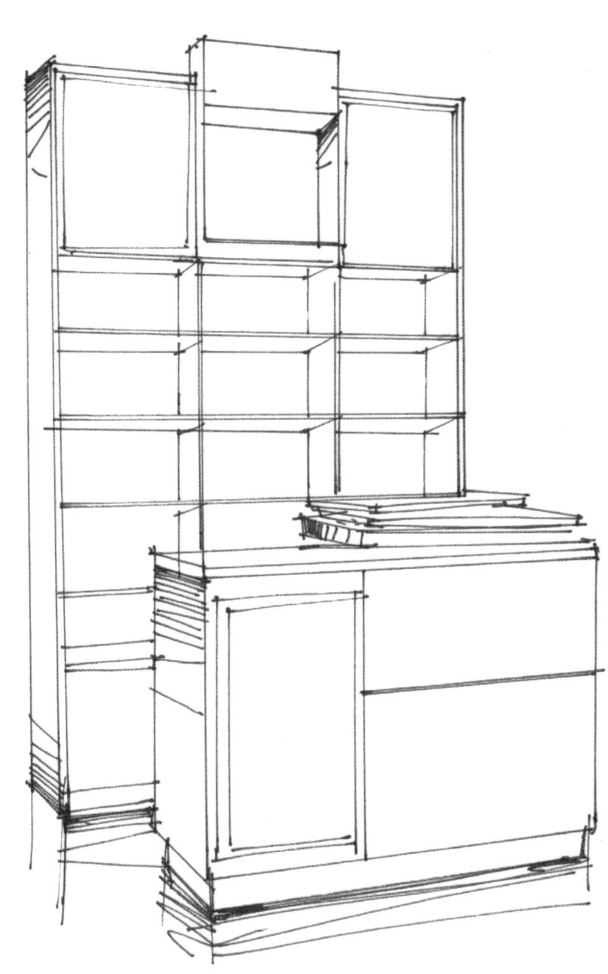

步骤一：画出组合展柜的线稿，然后用线强调暗部和投影。

步骤二：从整体上色，先上出组合展柜柜体的主色调。

步骤三：进一步上色，完善局部颜色，并上出地面的颜色。

4.11 组合展柜表现（三）

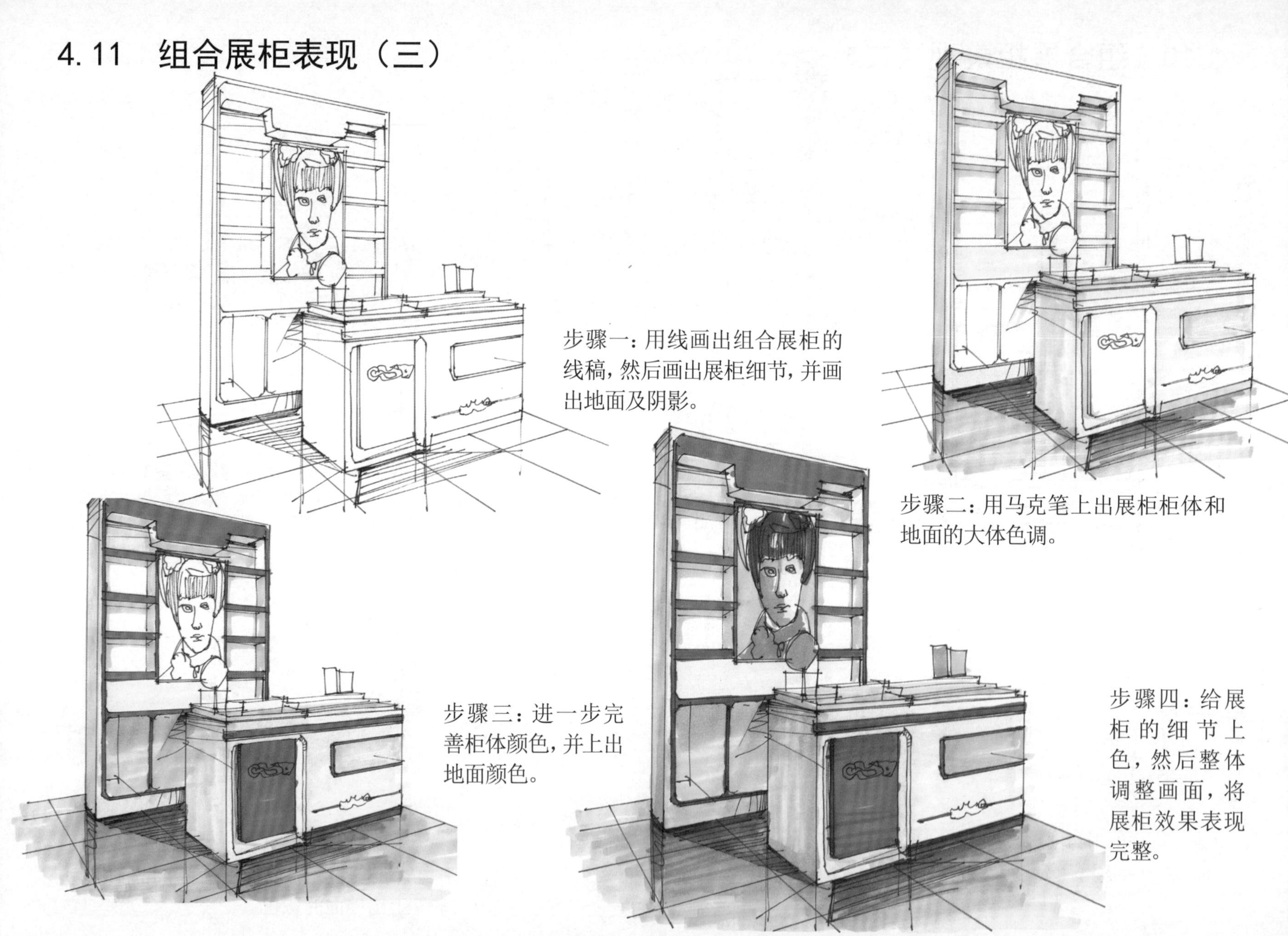

步骤一：用线画出组合展柜的线稿，然后画出展柜细节，并画出地面及阴影。

步骤二：用马克笔上出展柜柜体和地面的大体色调。

步骤三：进一步完善柜体颜色，并上出地面颜色。

步骤四：给展柜的细节上色，然后整体调整画面，将展柜效果表现完整。

课后练习

1.选择本章一组合展柜，按步骤进行临摹。

2.找一些展柜的图片，然后用手绘表现出来。

3.设计构思单体展柜造型，然后用线勾勒出造型，并用马克笔上色。

4.设计一组合化妆品展柜造型，先用线勾勒出造型，然后用马克笔上色。

第5章　展示局部手绘

5.1　环形展柜表现

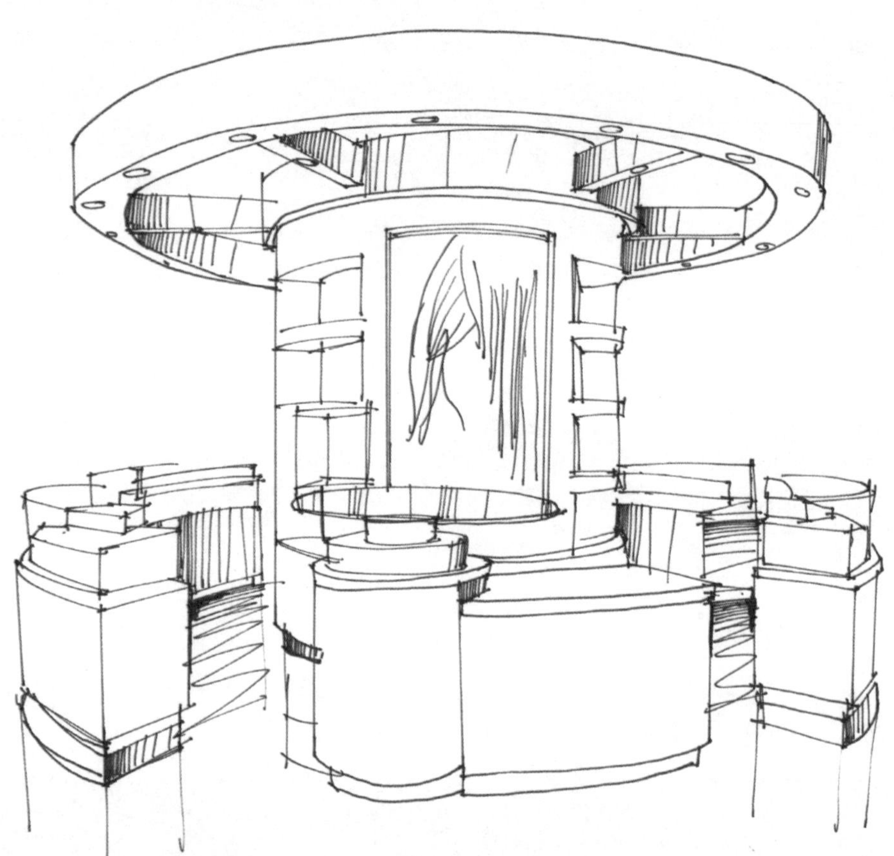

步骤一：先用线画出组合展柜线稿轮廓，然后用线表现形体和细节。

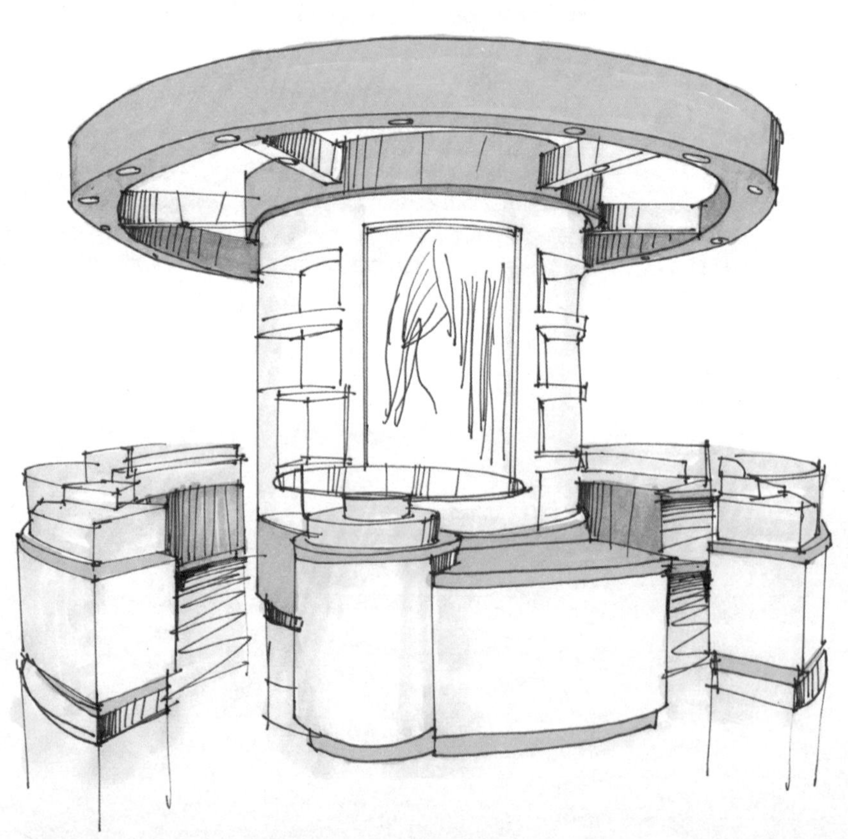

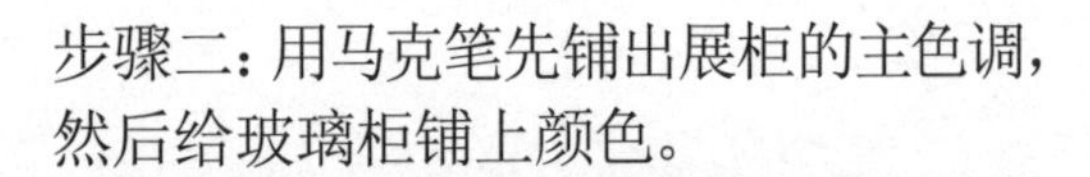

步骤二：用马克笔先铺出展柜的主色调，然后给玻璃柜铺上颜色。

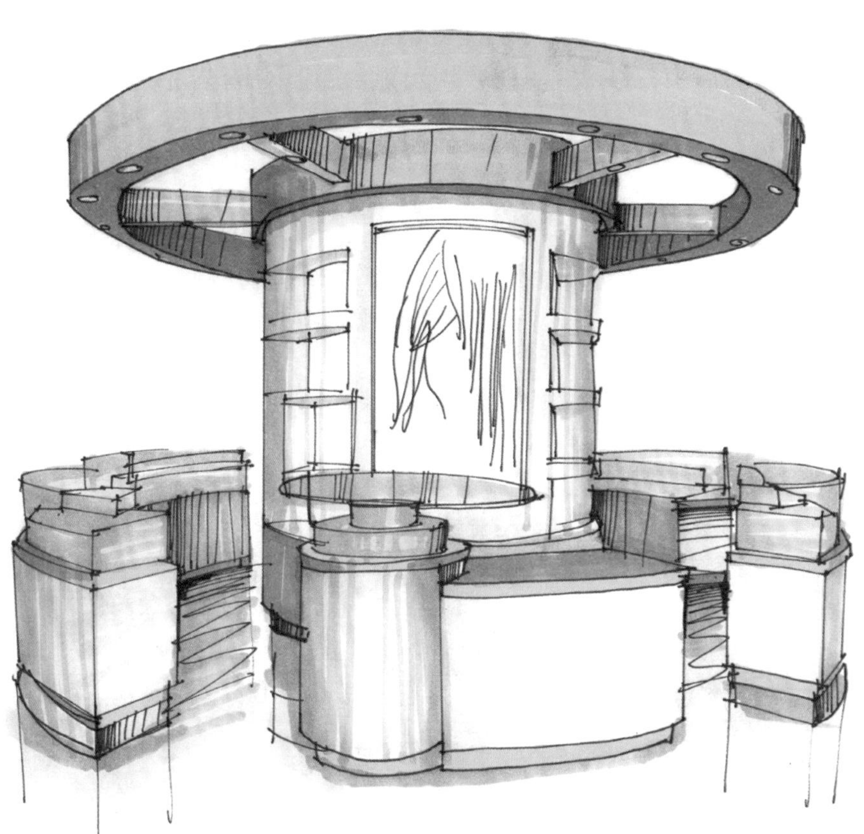

步骤三：进一步上色，加重局部颜色，并完善玻璃柜颜色。

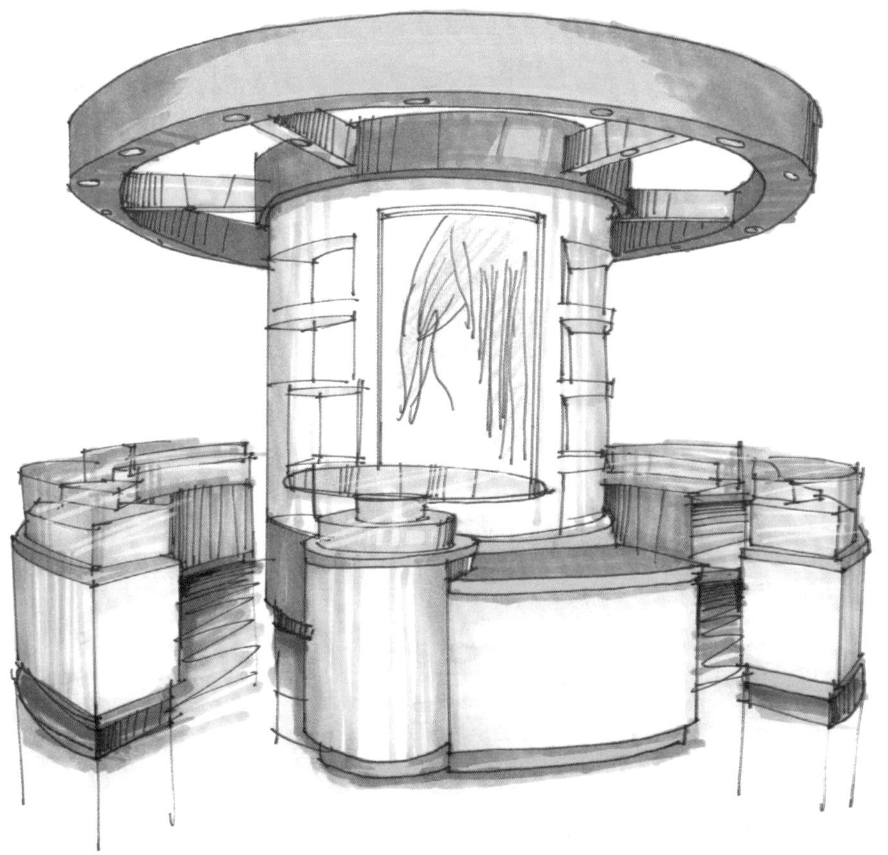

步骤四：整体调整展柜效果，表现出展柜的造型特点。

5.2 展台设计表现

步骤一：画出组合展柜的线稿，用线表现出组合展柜的造型特点。

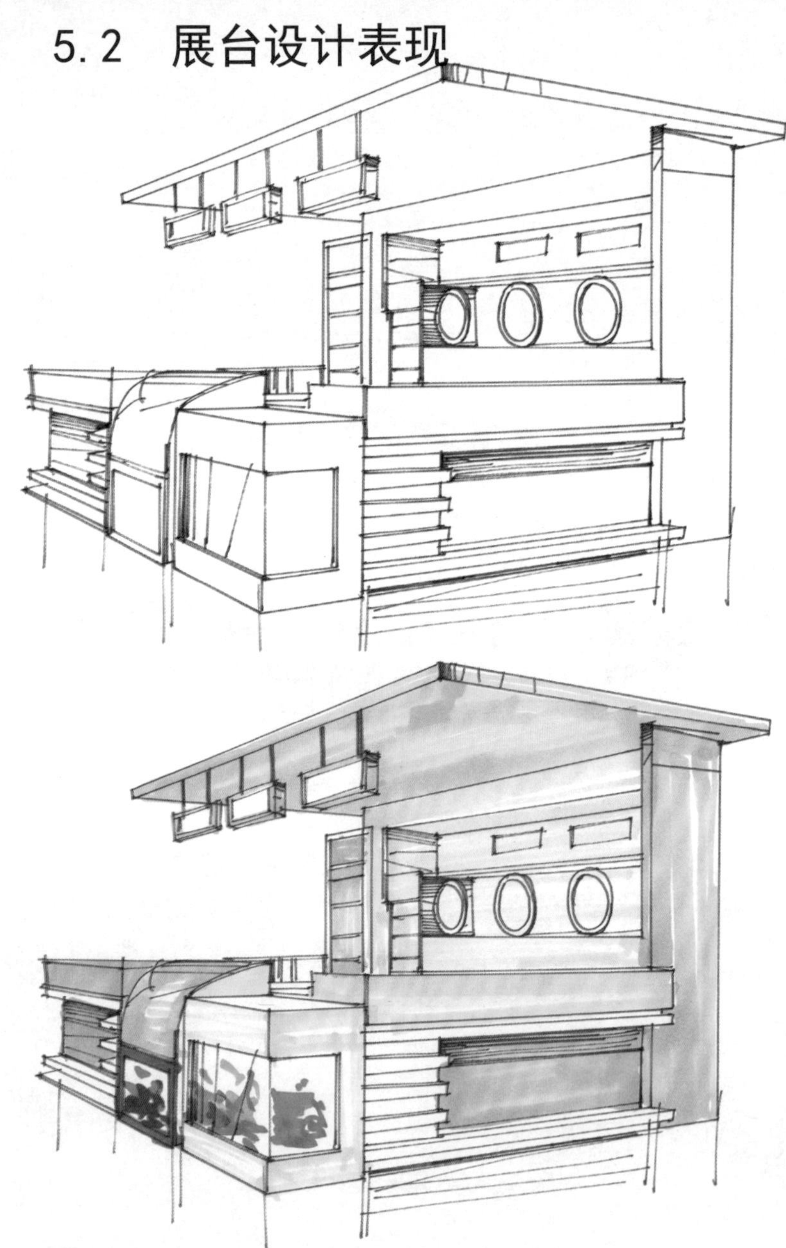

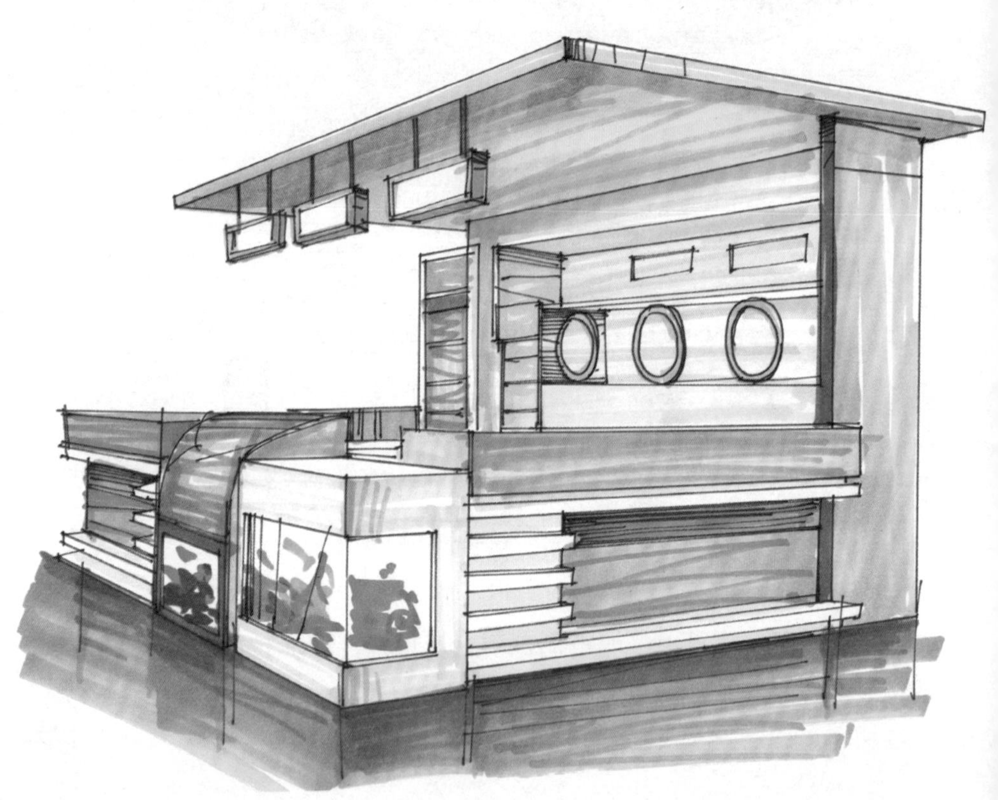

步骤二：用马克笔铺出展柜的大体颜色，初步确定其色调。

步骤三：进一步上色，加重局部色调，并画出地面，完善展柜效果。

5.3 组合展柜设计表现

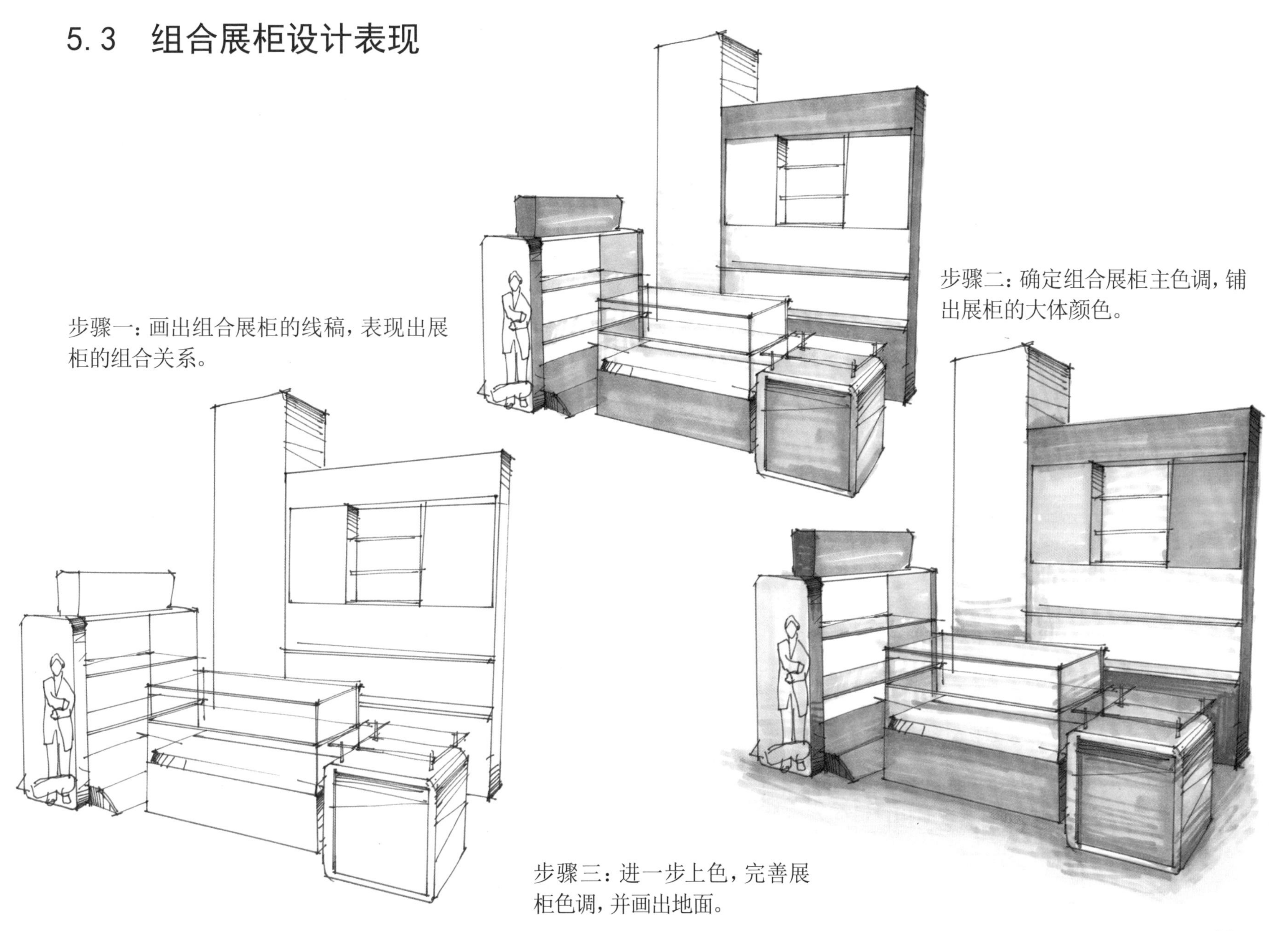

步骤一：画出组合展柜的线稿，表现出展柜的组合关系。

步骤二：确定组合展柜主色调，铺出展柜的大体颜色。

步骤三：进一步上色，完善展柜色调，并画出地面。

5.4 茶艺展示空间表现

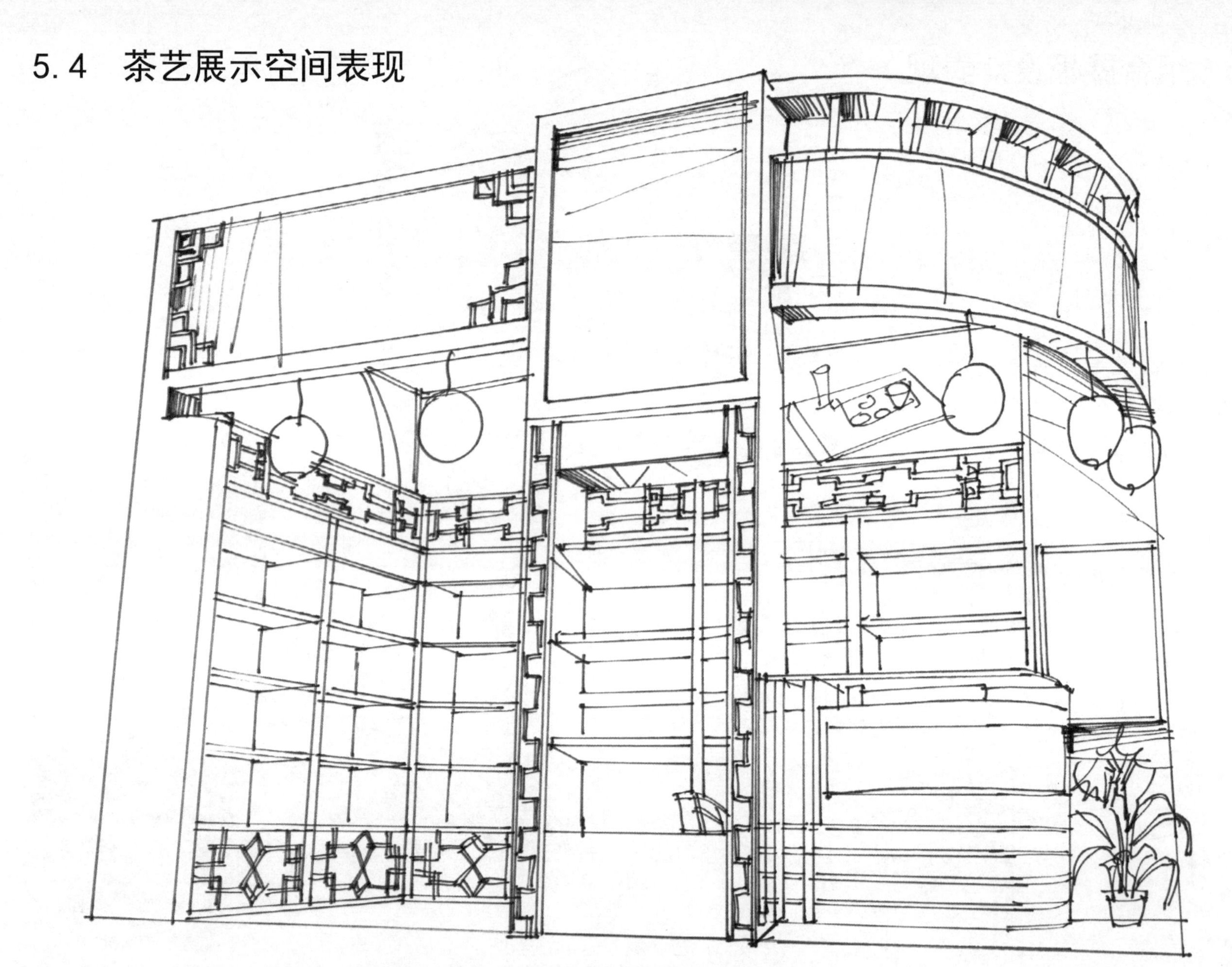

步骤一：先画出展示空间的大的造型，然后画出顶部及立面造型细节。

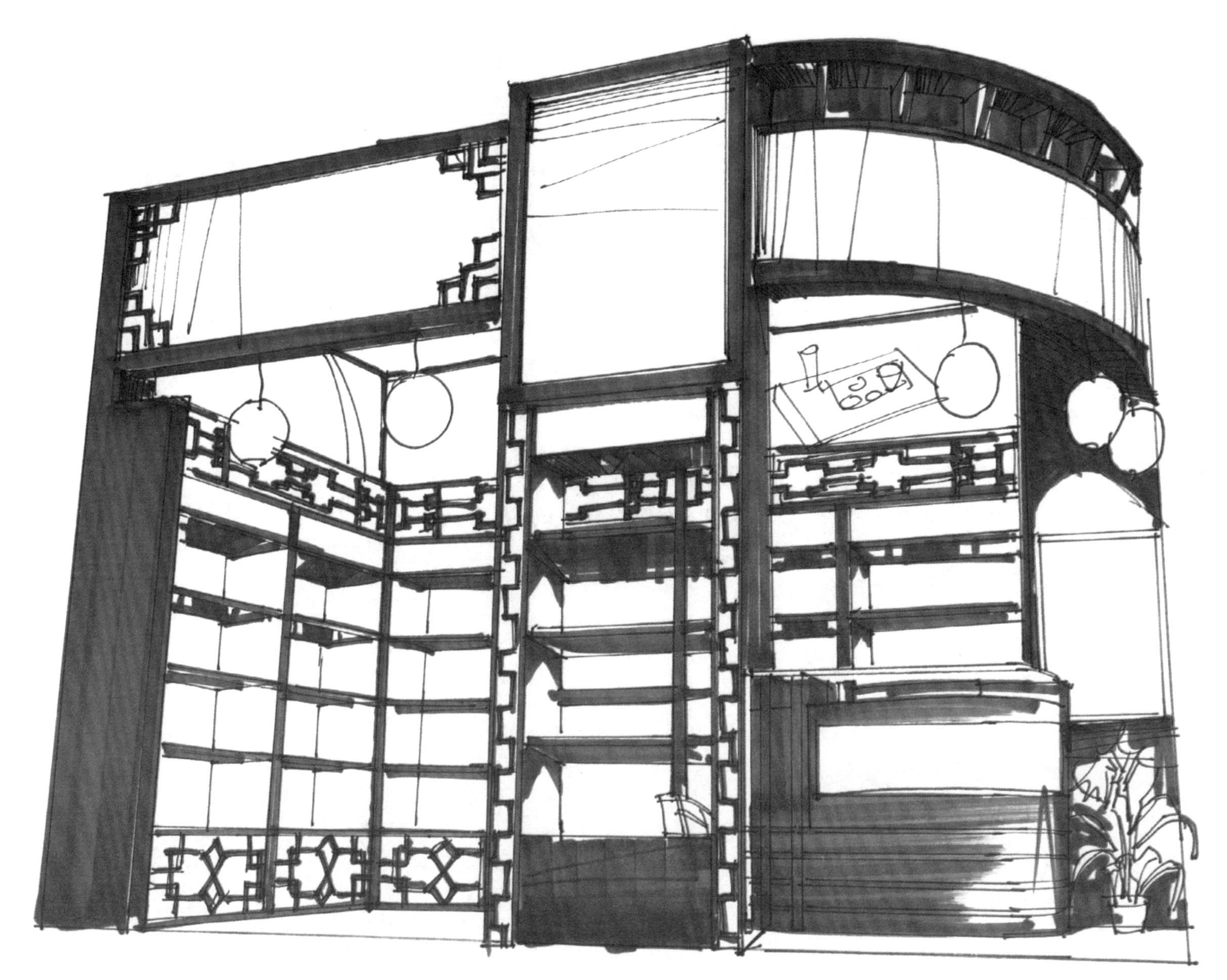

步骤二：从展示造型的主色调开始上色，用马克笔先整体铺出展示空间的大体颜色。

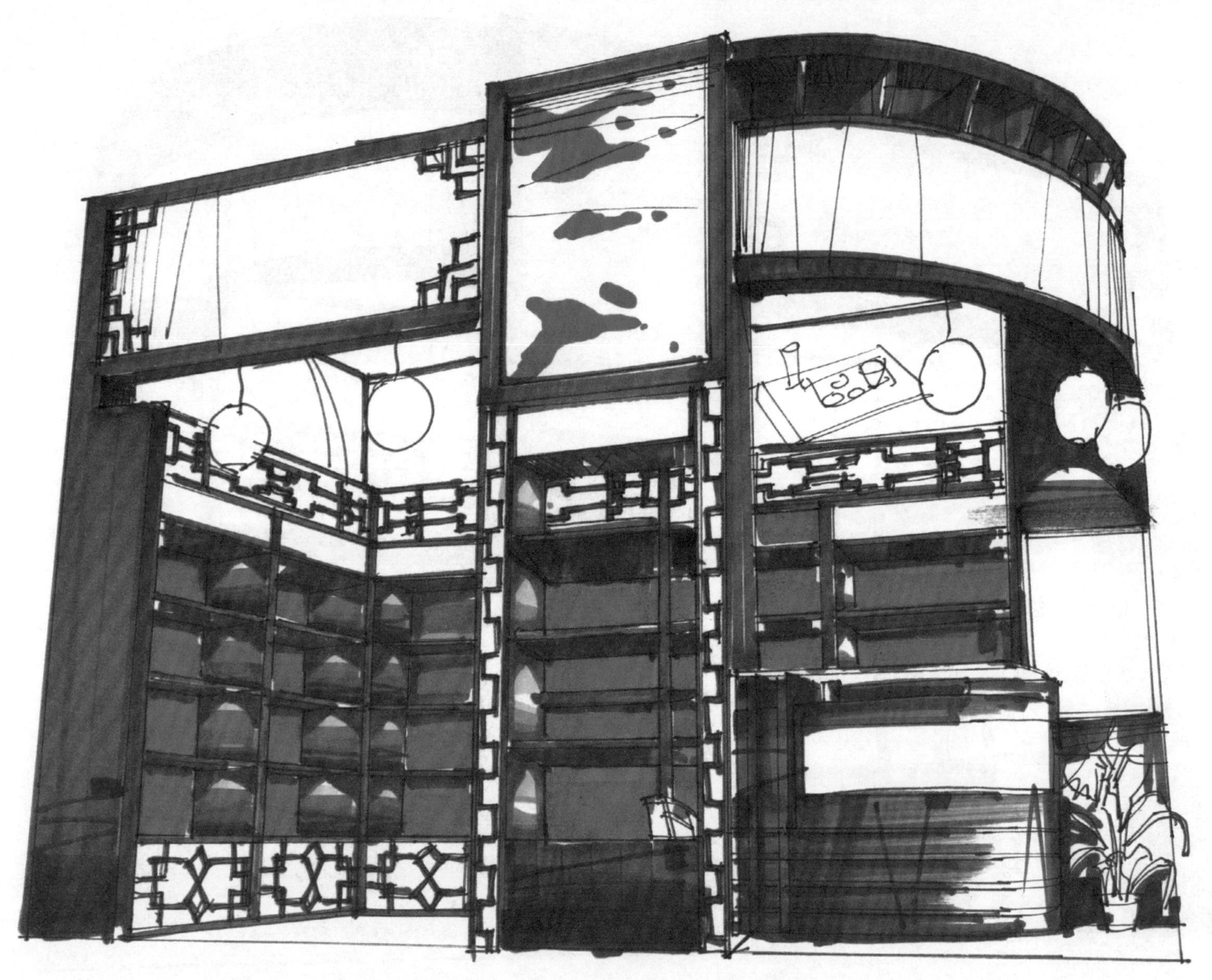

步骤三：接着上出展架的颜色，进一步完善展示空间效果。

步骤四：将画面颜色上完整，然后画出广告位细节，最后用高光笔提出一些高光。

5.5　展示设计表现（一）

步骤一：画出展示空间的线稿，用线表现出展示空间的造型。

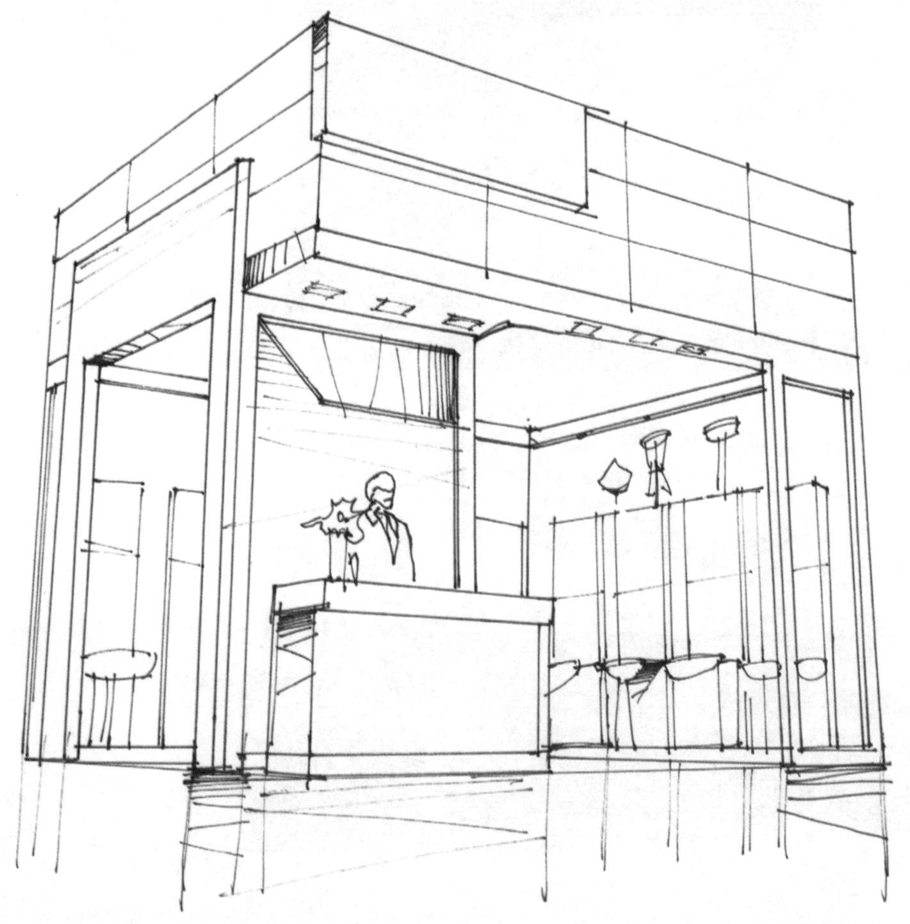

步骤二：用马克笔上出展柜顶部和柱子的颜色。

步骤三：接着上出展示空间内部、前台及地面的颜色，将颜色上完整。

步骤四：整体调整画面效果，加重局部颜色，突出展示空间特点。

5.6 展示设计表现（二）

步骤一：画出展示空间的线稿，表现出展示空间的造型特点。

步骤二：用马克笔上出展示空间顶部、立柱及地面的大体颜色。

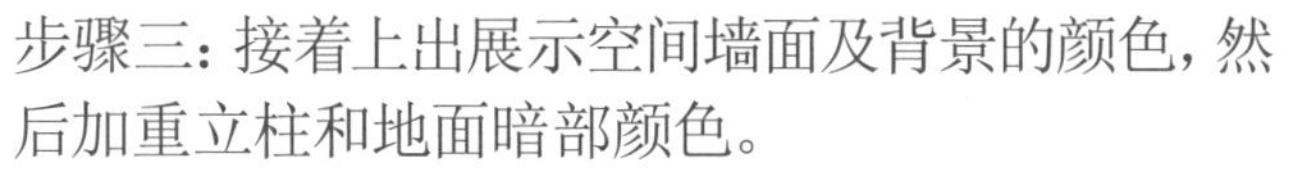

步骤三：接着上出展示空间墙面及背景的颜色，然后加重立柱和地面暗部颜色。

步骤四：整体调整画面效果，加重背景色调，突出展示造型特点。

5.7 展示设计表现（三）

步骤一：先用线画出展示造型的线稿轮廓，然后用线条对局部进行强调。

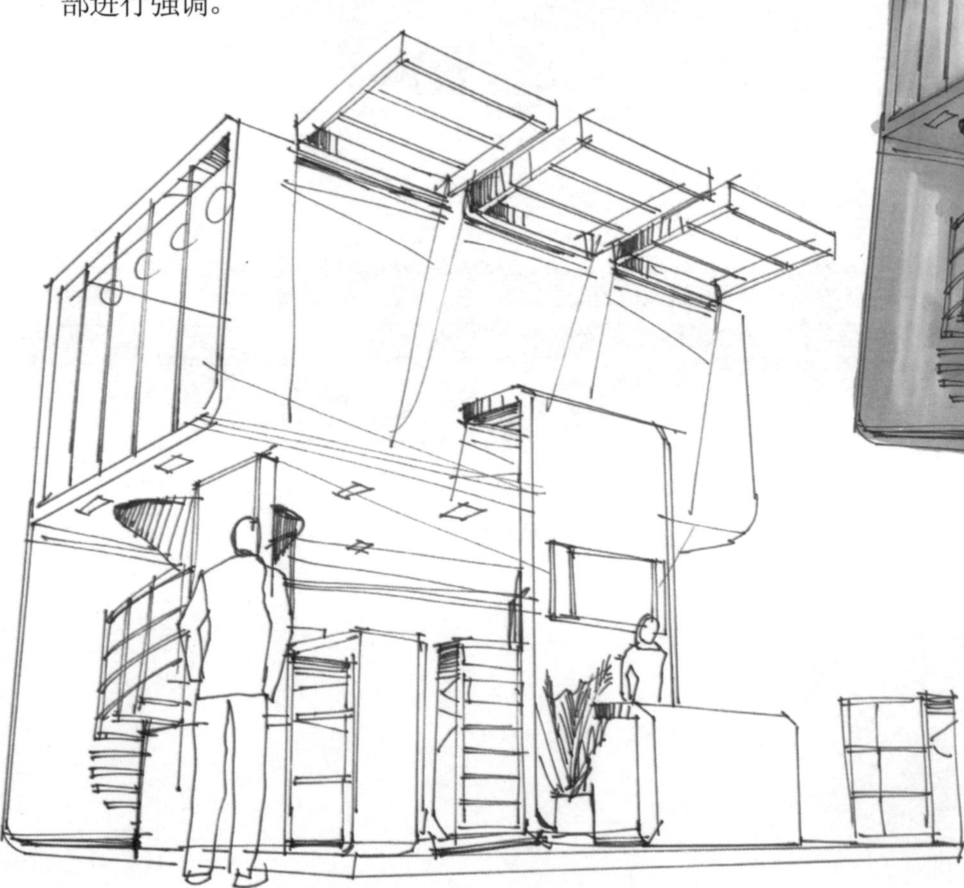

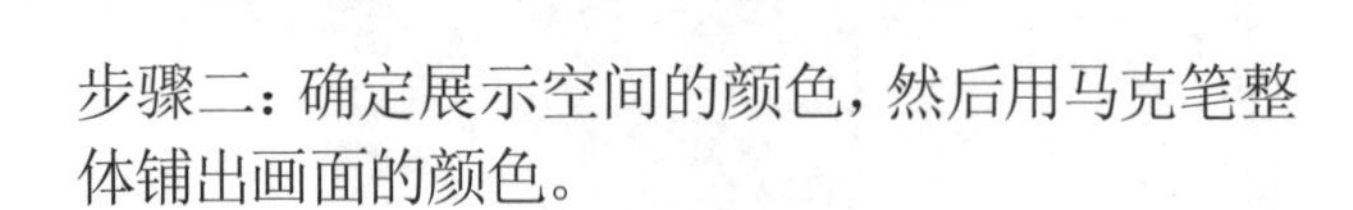

步骤二：确定展示空间的颜色，然后用马克笔整体铺出画面的颜色。

步骤三：进一步上色，加重局部颜色，拉开色彩之间的关系。

步骤四：完善和调整画面，将展示效果表现完善。

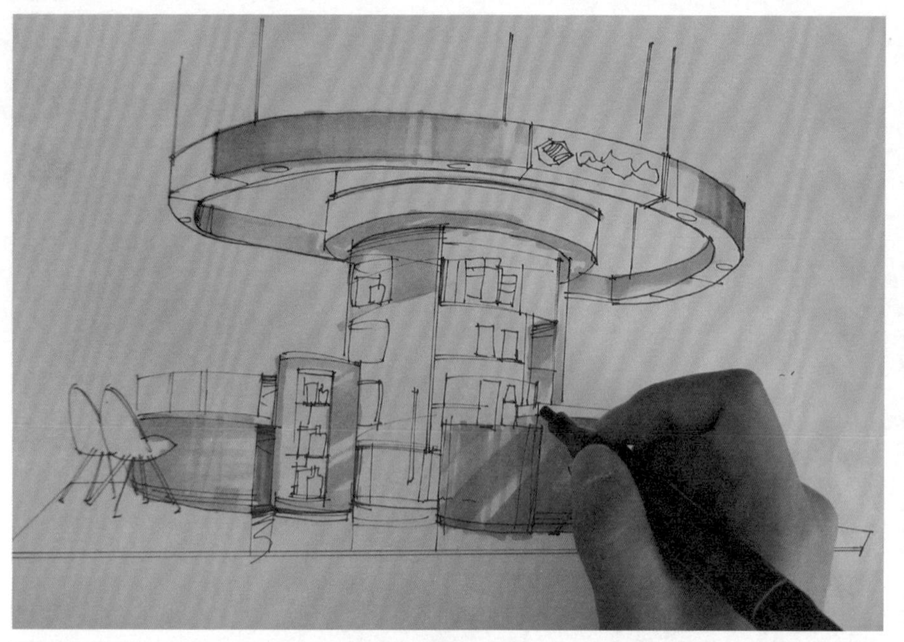

5.8 数码展柜设计表现

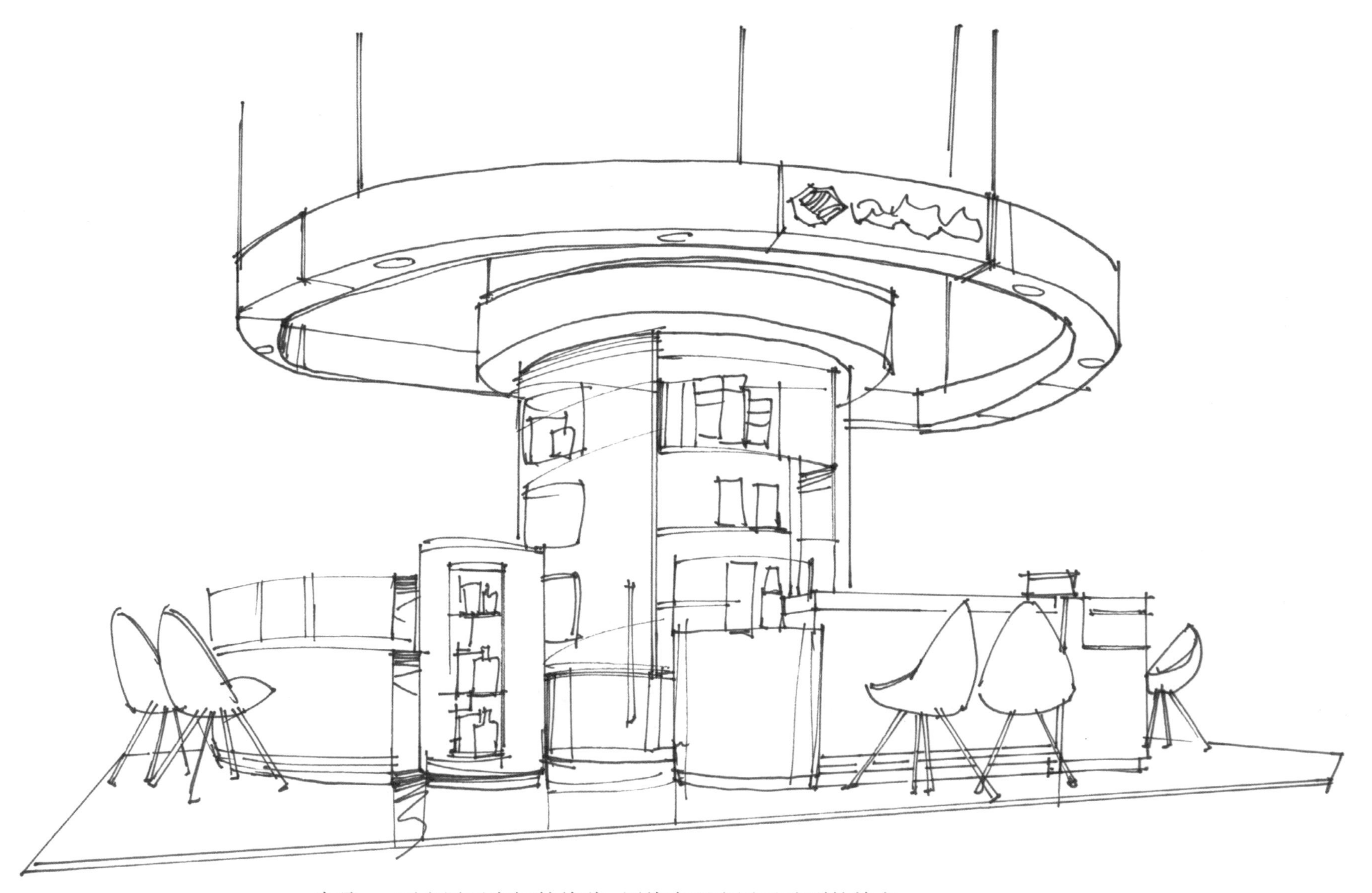

步骤一：画出展示空间的线稿，用线表现出展示造型的特点。

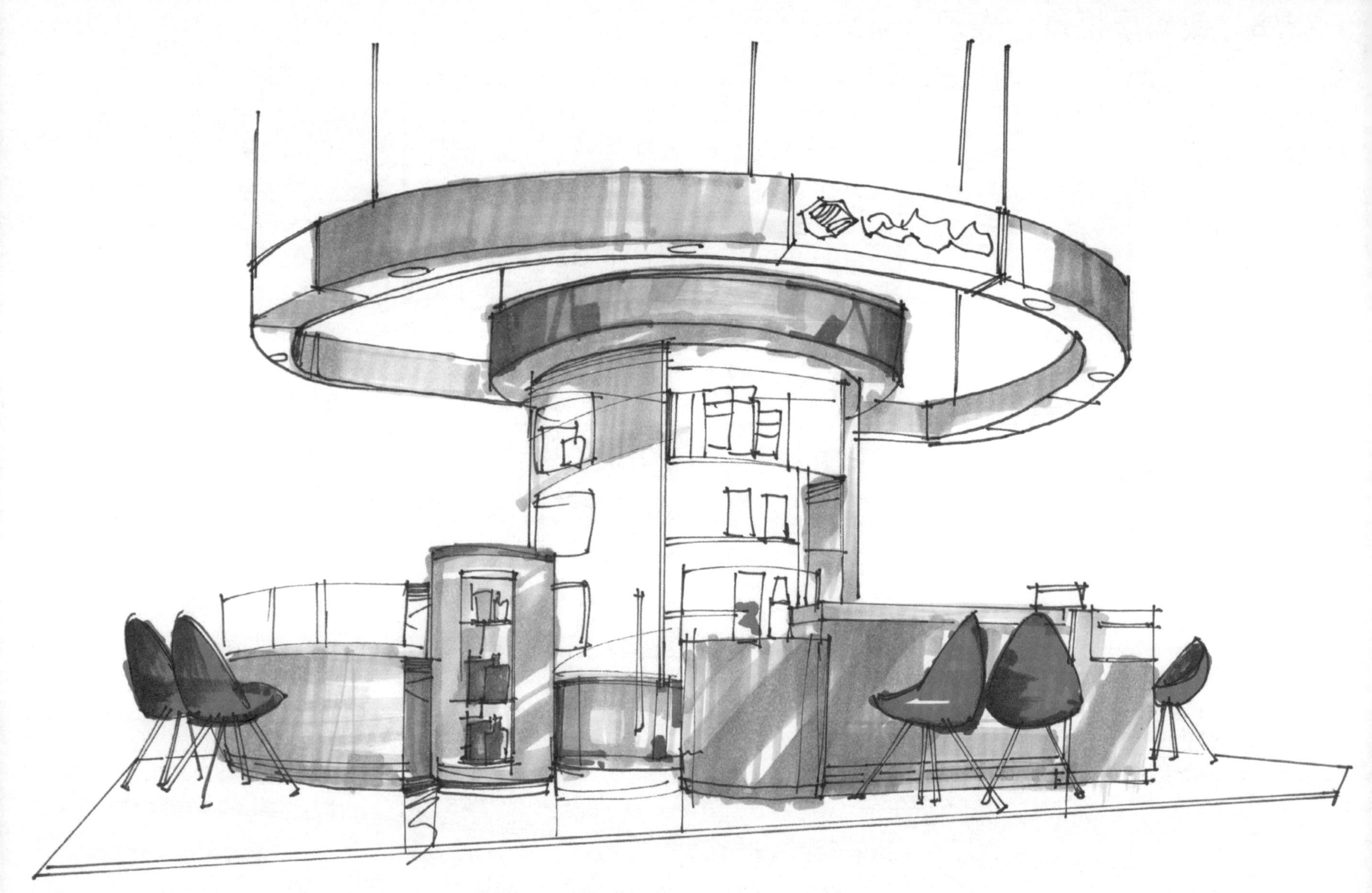

步骤二：从整体出发，用马克笔整体铺出展柜和椅子的大体颜色。

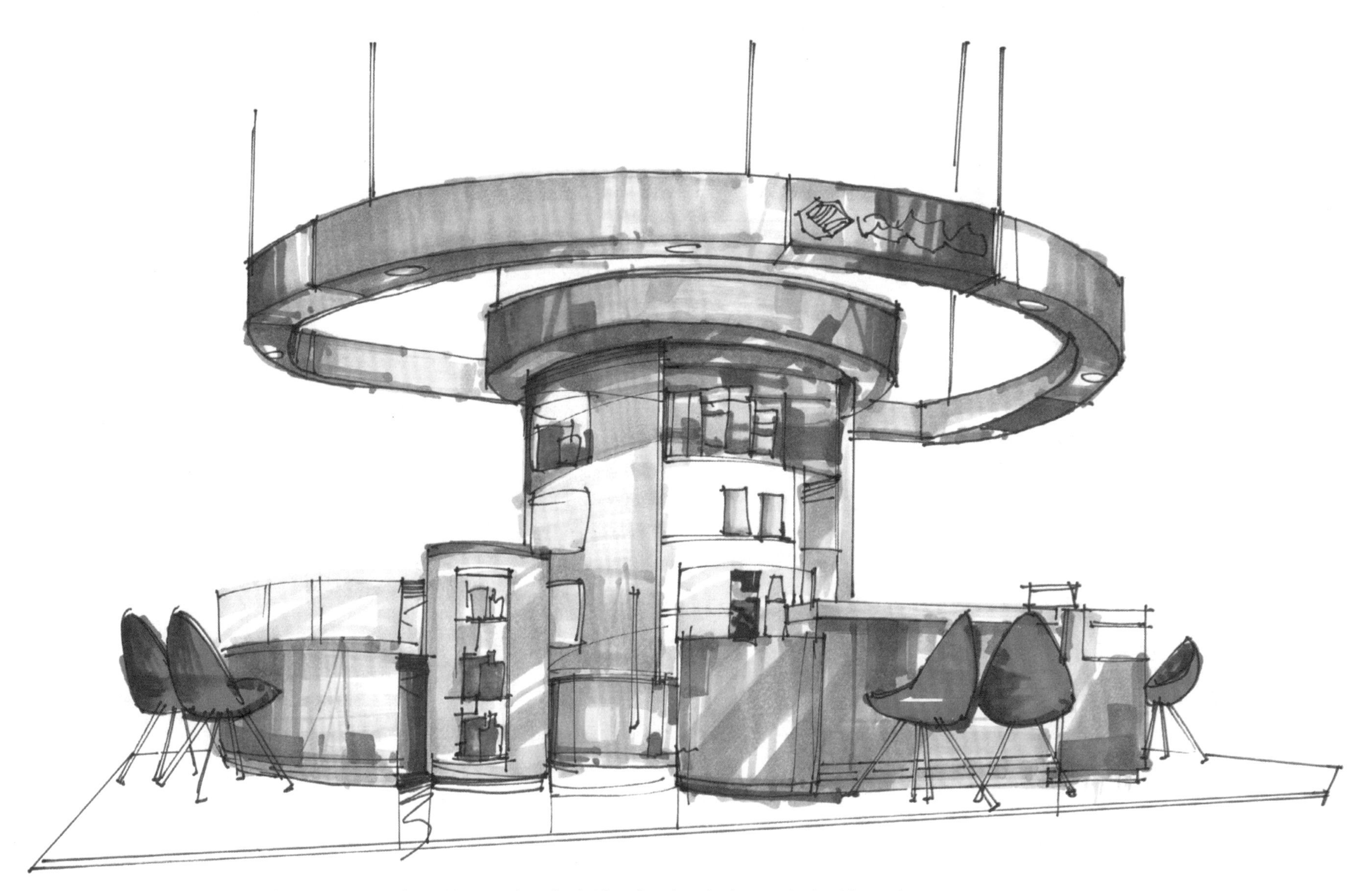

步骤三：进一步完善和丰富展柜颜色，加重局部色调，突出展柜形象。

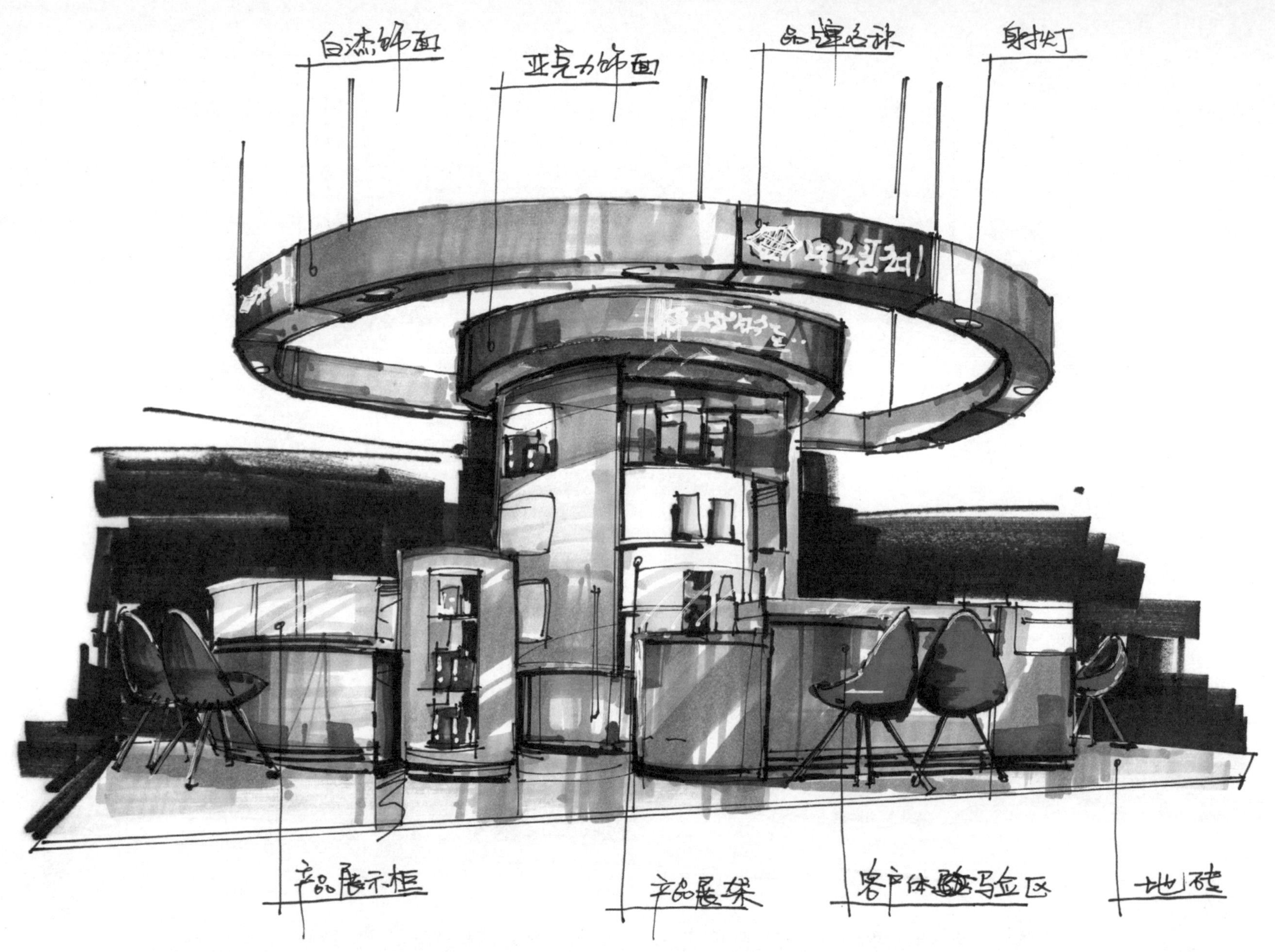

步骤四：用马克笔给画面背景画上背景色，然后用高光笔调整画面，最后对画面做标注。

课后练习

1. 参考并临摹本章展示局部步骤，先画出线稿，然后上色。
2. 选择本章一简易展示造型，按步骤进行临摹。
3. 找一些相对简单的展示空间图片，然后用手绘技法表现出来。
4. 设计构思一简单展示空间造型，先用线勾勒出造型，然后用马克笔上色。
5. 归纳和总结展示空间造型和表现特点。

第6章　简单展示表现

6.1　展示设计表现（一）

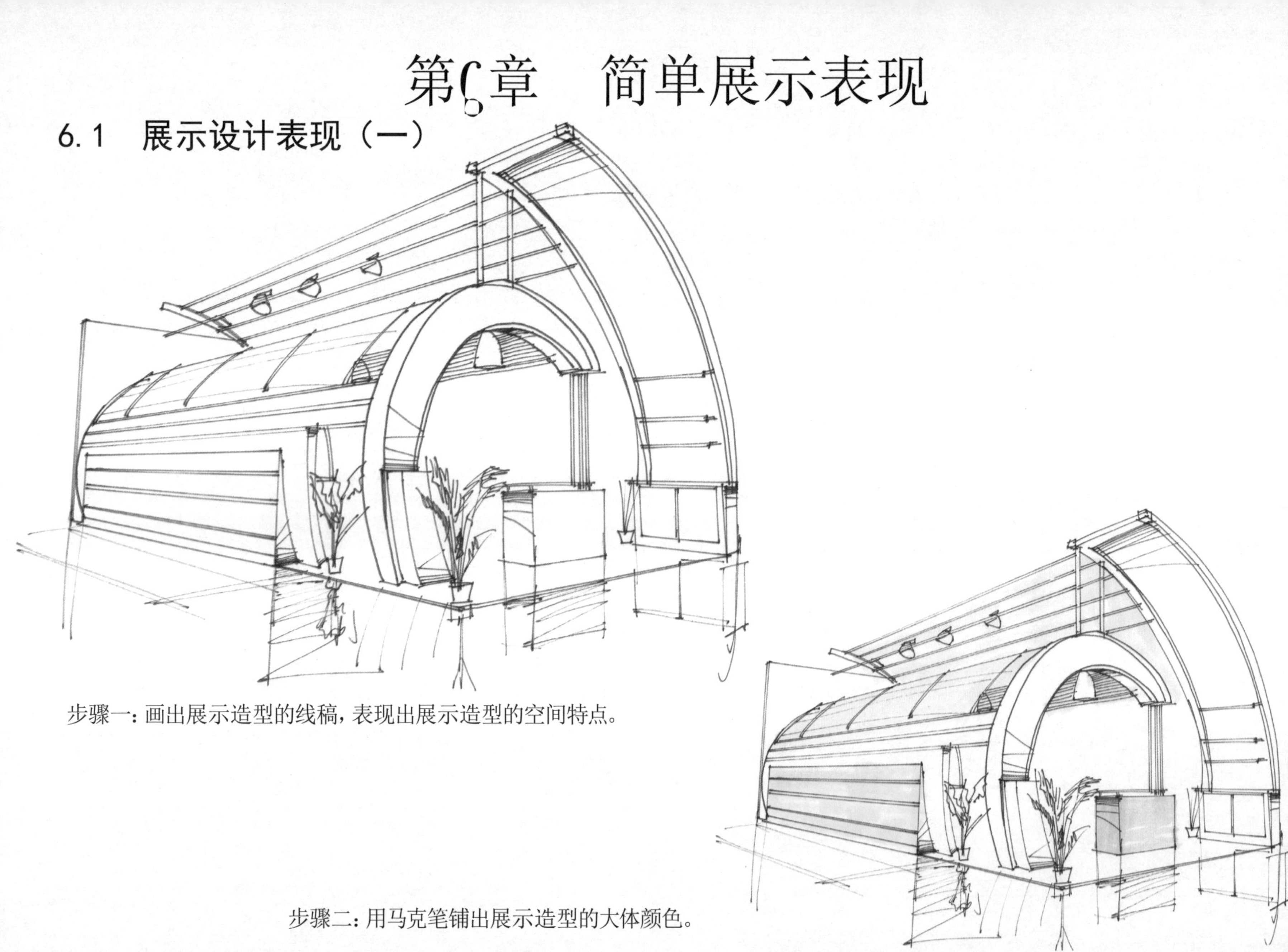

步骤一：画出展示造型的线稿，表现出展示造型的空间特点。

步骤二：用马克笔铺出展示造型的大体颜色。

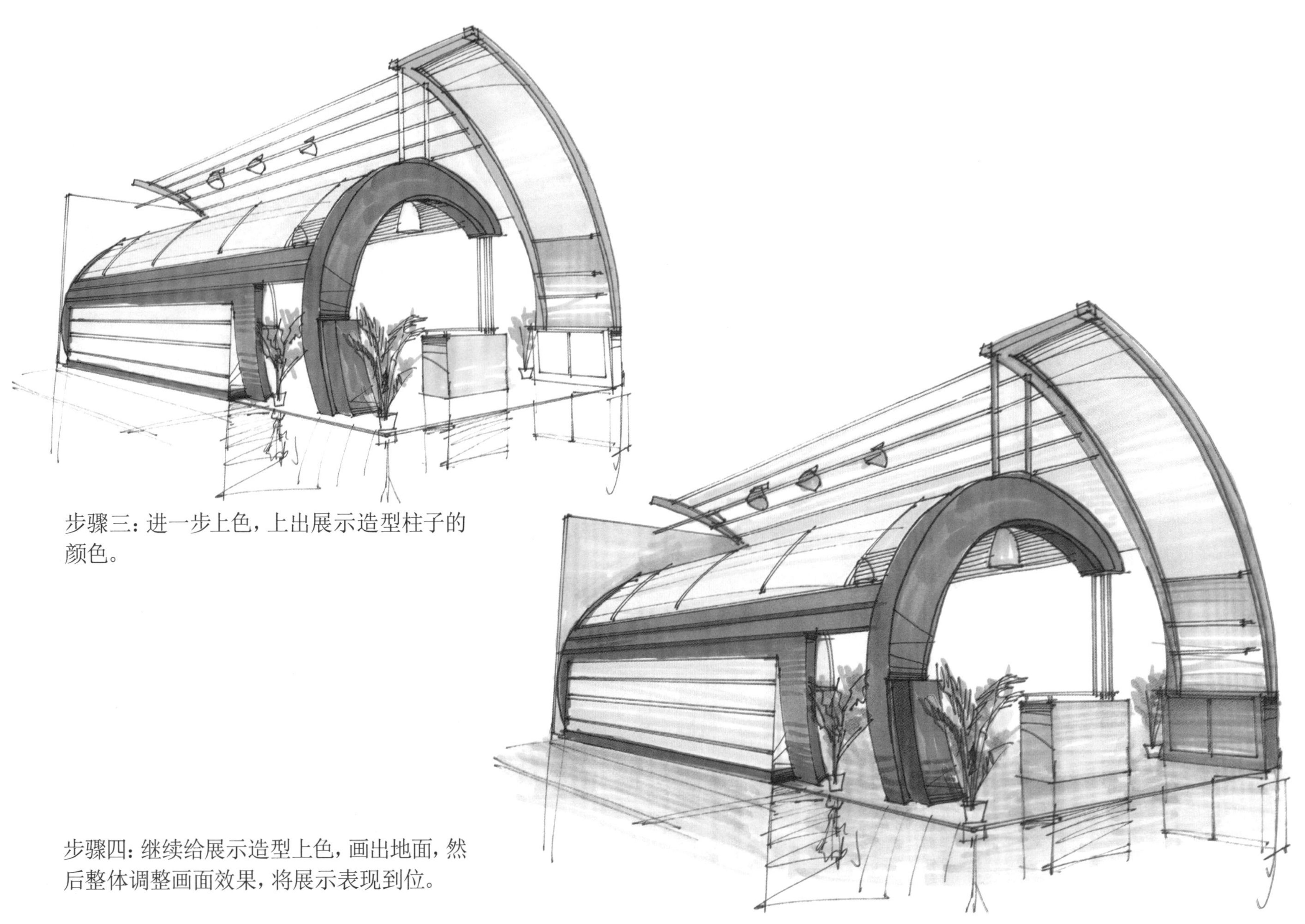

步骤三：进一步上色，上出展示造型柱子的颜色。

步骤四：继续给展示造型上色，画出地面，然后整体调整画面效果，将展示表现到位。

6.2 展示设计表现（二）

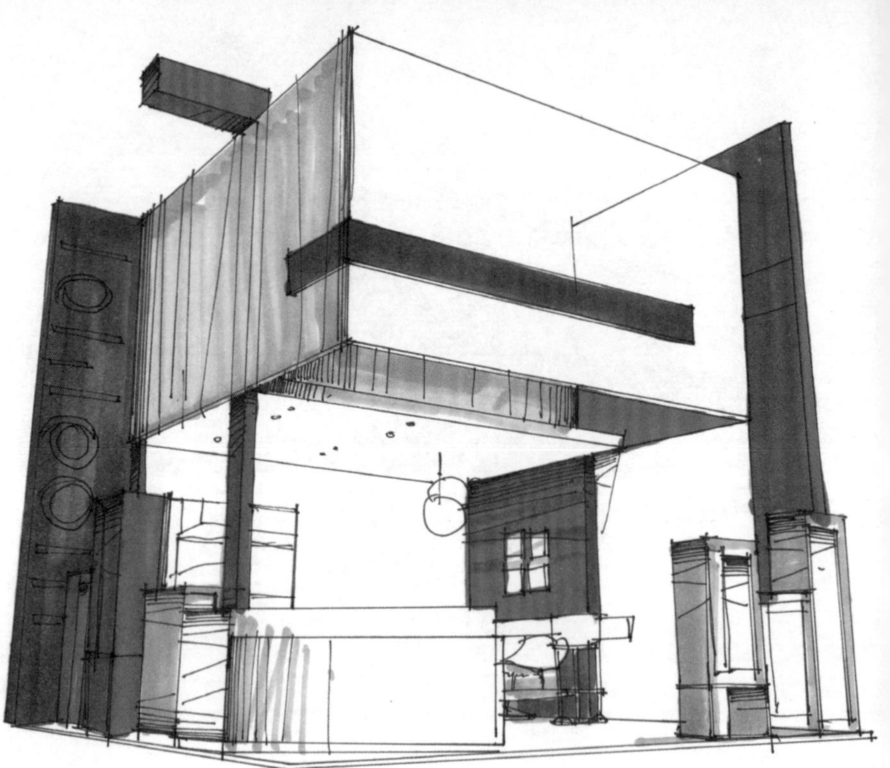

步骤二：用马克笔先上出展示造型立柱和顶面的大体颜色。

步骤一：先用线表现出展示空间的大轮廓，然后画出细节，并用线强调画面局部。

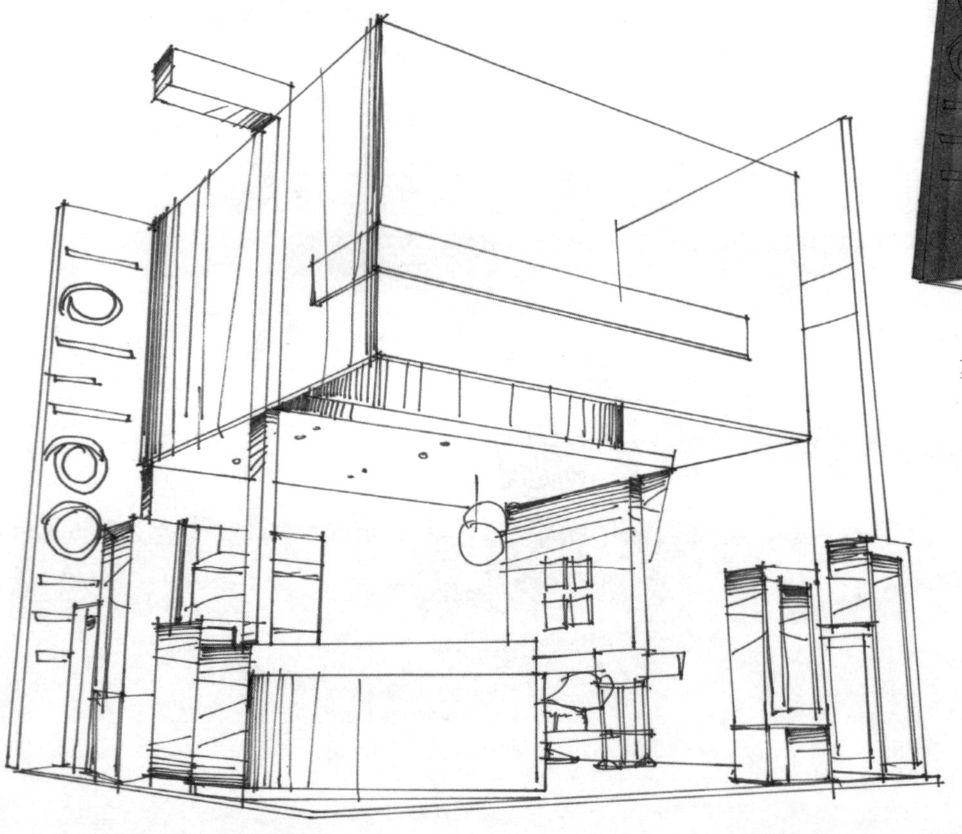

步骤三：接着上出内部墙面、顶部，前台和展柜的颜色，进一步完善展示效果。

步骤四：上出地面颜色，然后加重局部颜色，整体调整画面效果，将展示效果表现到位。

6.3 展示设计表现（三）

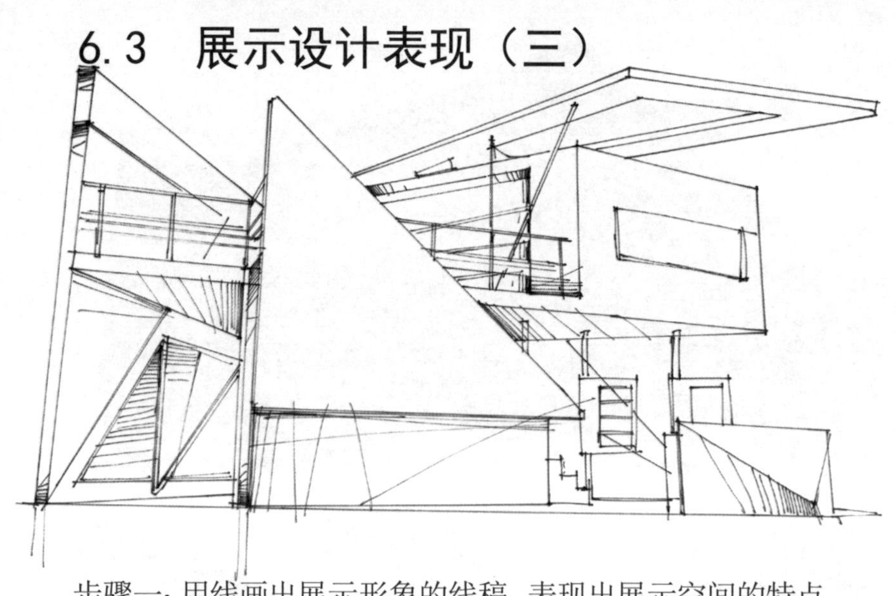

步骤一：用线画出展示形象的线稿，表现出展示空间的特点。

步骤二：用马克笔铺出展示造型的大体色调。

步骤三：进一步上色，然后完善画面，用高光笔提出画面高光。

6.4 展示设计表现（四）

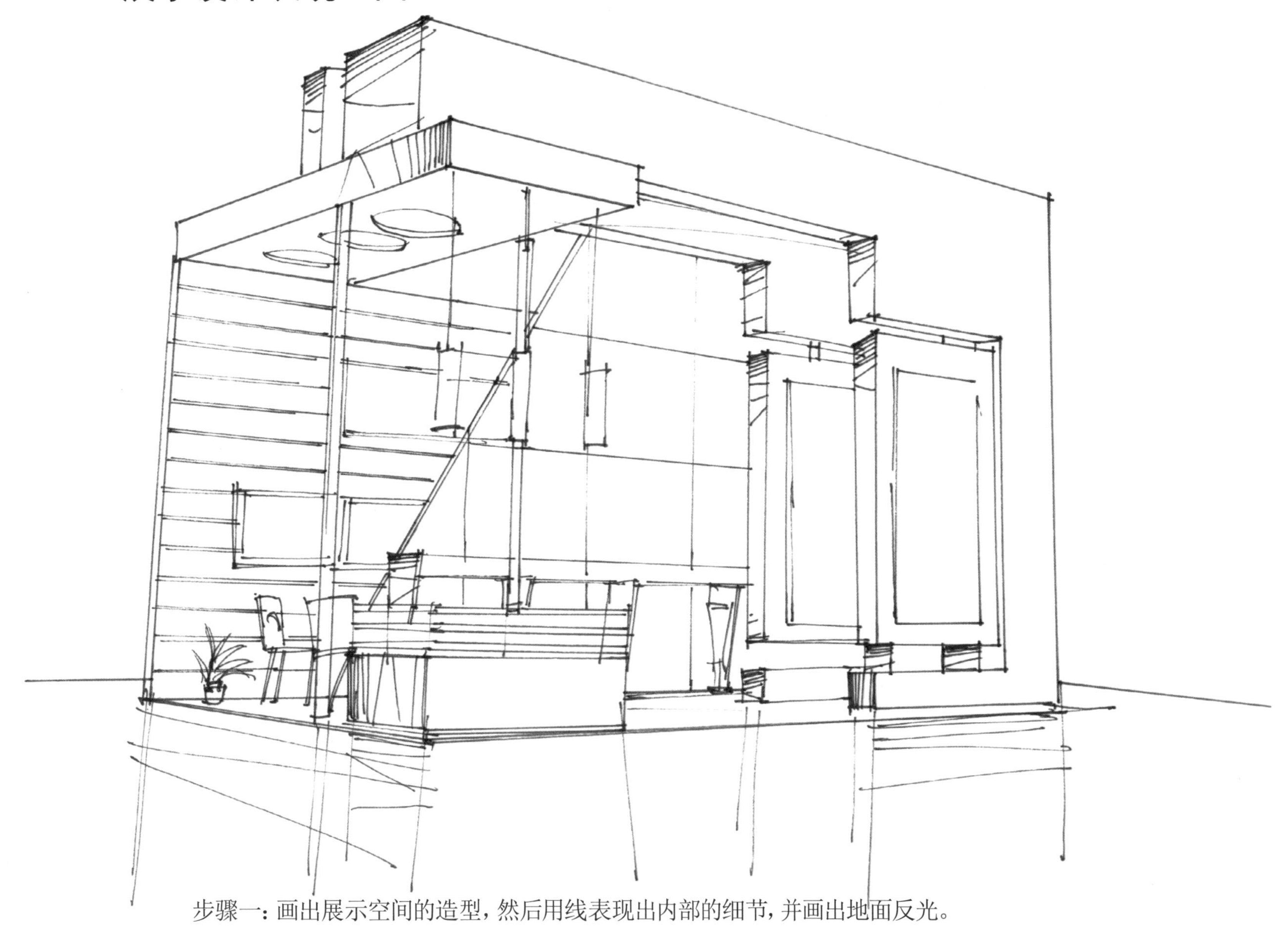

步骤一：画出展示空间的造型，然后用线表现出内部的细节，并画出地面反光。

步骤二：从展示结构主体开始上色，用马克笔表现出展示造型顶部和墙面的大体颜色。

步骤三：进一步上色，将展示空间墙面和顶面颜色上完整，然后再上出广告牌的颜色。

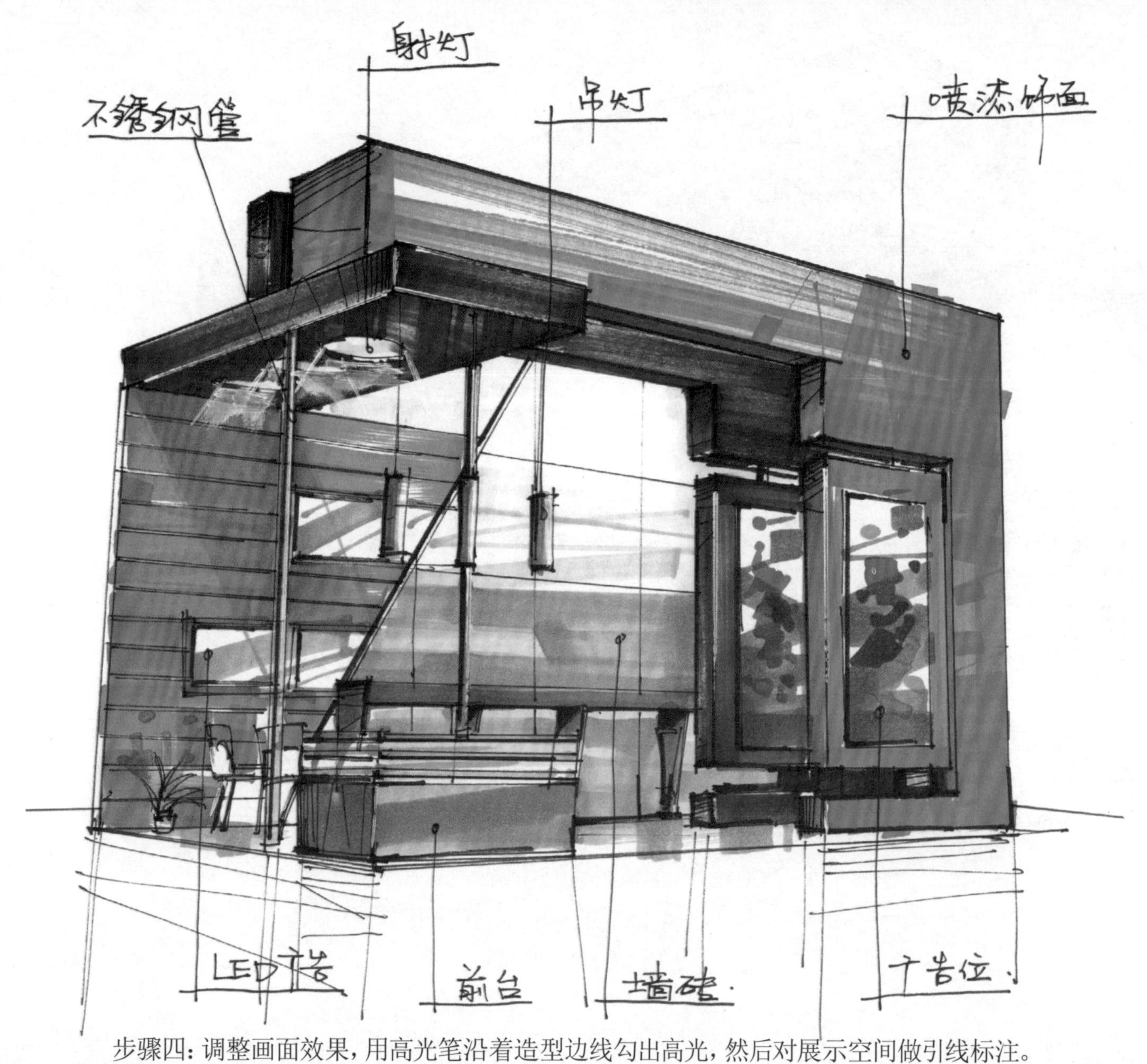

步骤四：调整画面效果，用高光笔沿着造型边线勾出高光，然后对展示空间做引线标注。

6.5 展示设计表现（五）

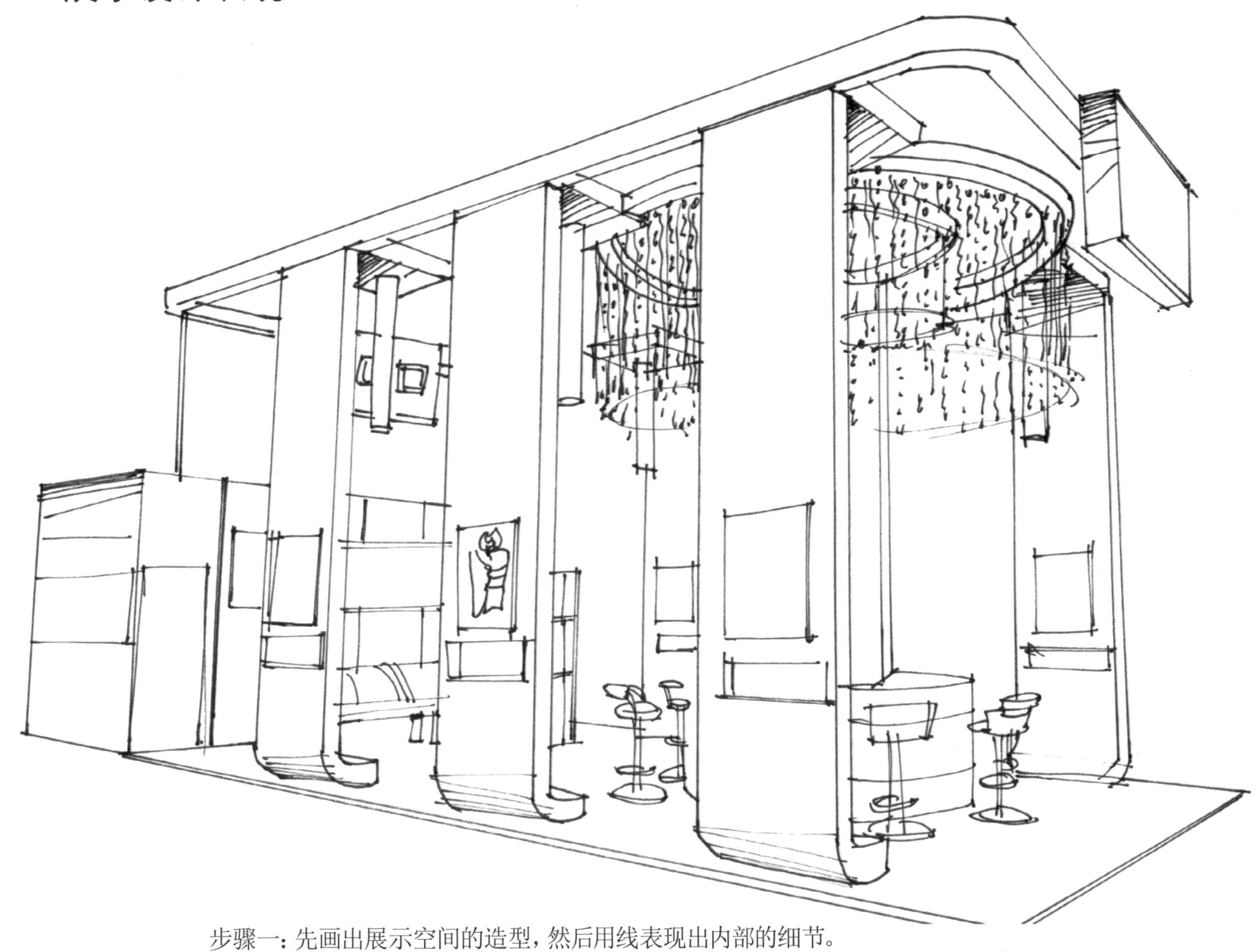

步骤一：先画出展示空间的造型，然后用线表现出内部的细节。

步骤二：确定主色调，从展示结构主体开始上色，用马克笔表现出展示造型顶部和墙面的大体颜色。

步骤三：进一步上色，画出展台背景颜色，并对细节进一步完善。

步骤四：调整画面，完善局部颜色，并用高光笔画一些高光，表现出展示的效果。

6.6 展示设计表现（六）

步骤一：用线画出展示空间的线稿，突出展示空间的形象特点。

步骤二：用马克笔上出展示空间柱子造型的大体颜色。

步骤三：接着上出墙面、地面和椅子的大体颜色，表现出空间的整体色调。

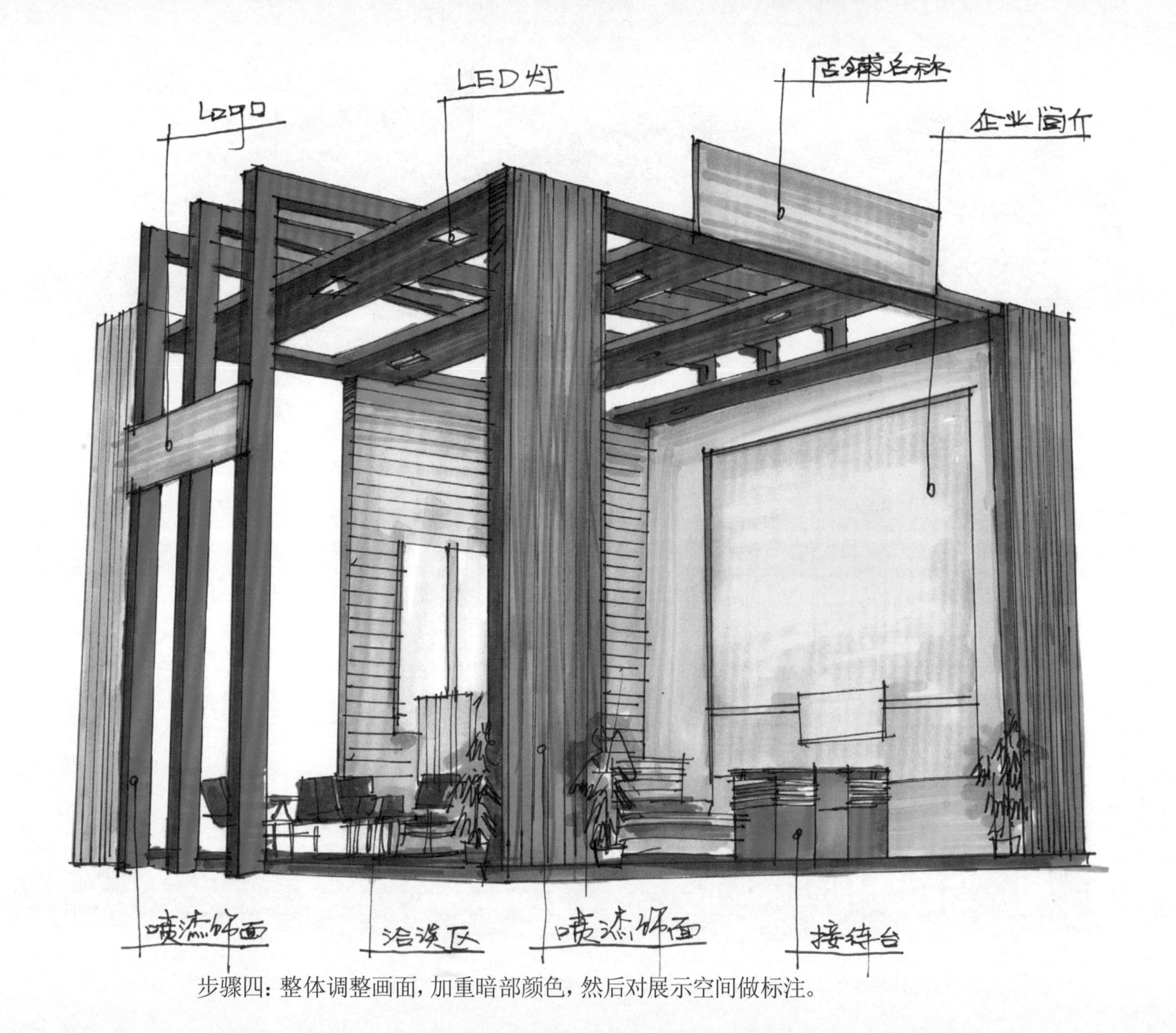

步骤四：整体调整画面，加重暗部颜色，然后对展示空间做标注。

6.7 展示设计表现（七）

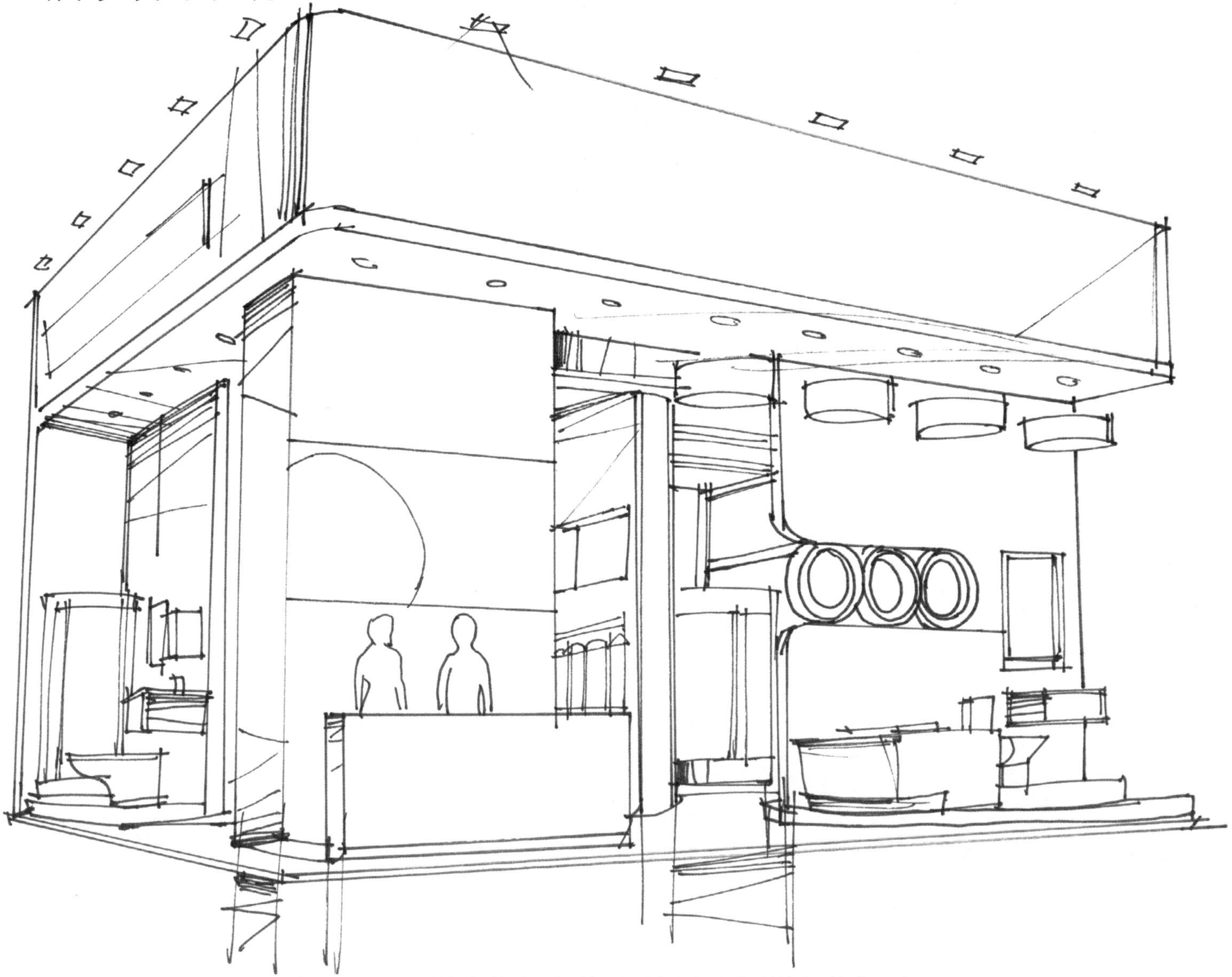

步骤一：先用线表现出展示造型的大体造型，然后画出展示造型的细节和局部。

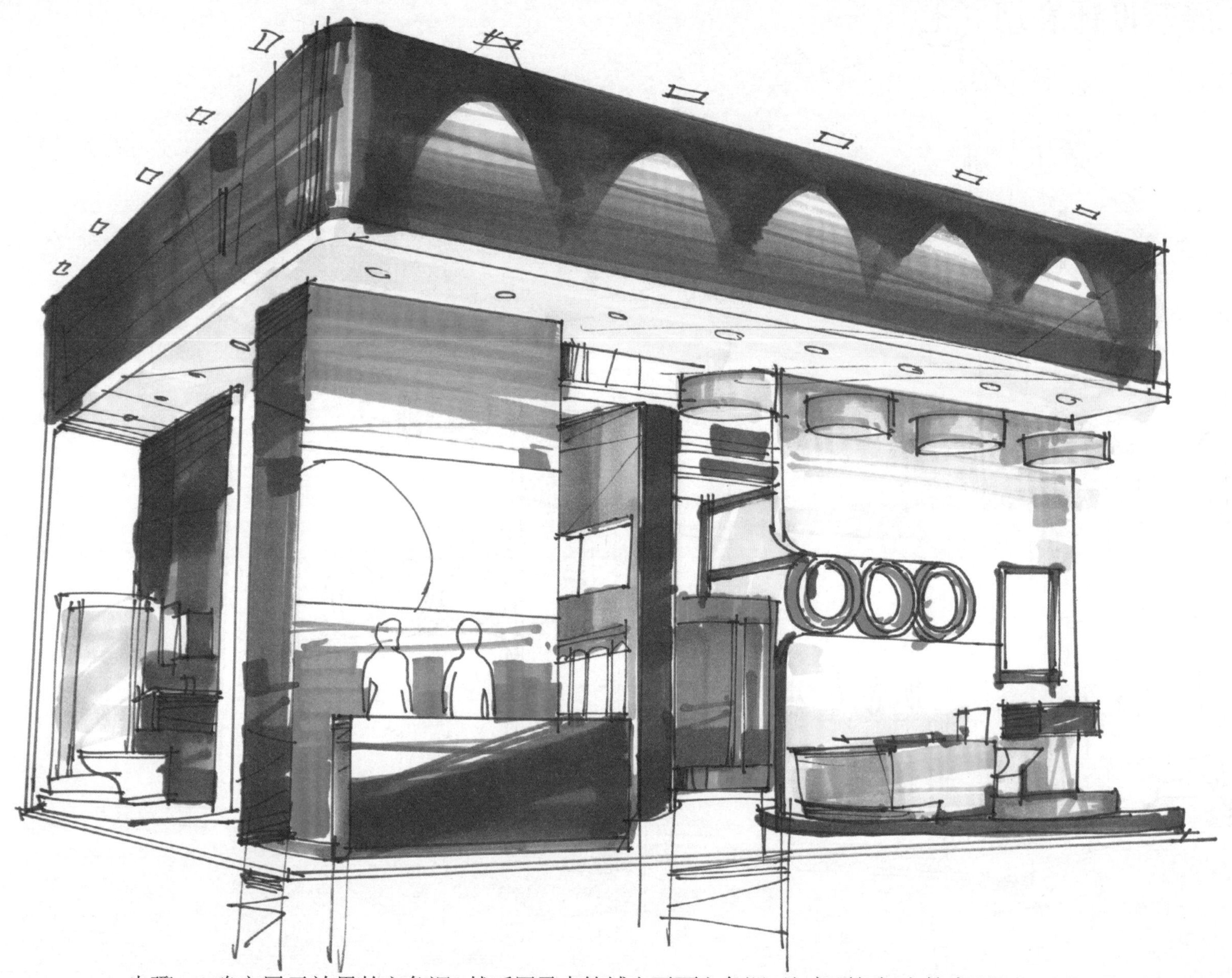

步骤二：确定展示效果的主色调，然后用马克笔铺出画面主色调，注意顶部灯光的表现。

步骤三：进一步上色，画出展台背景，并对细节进一步完善。

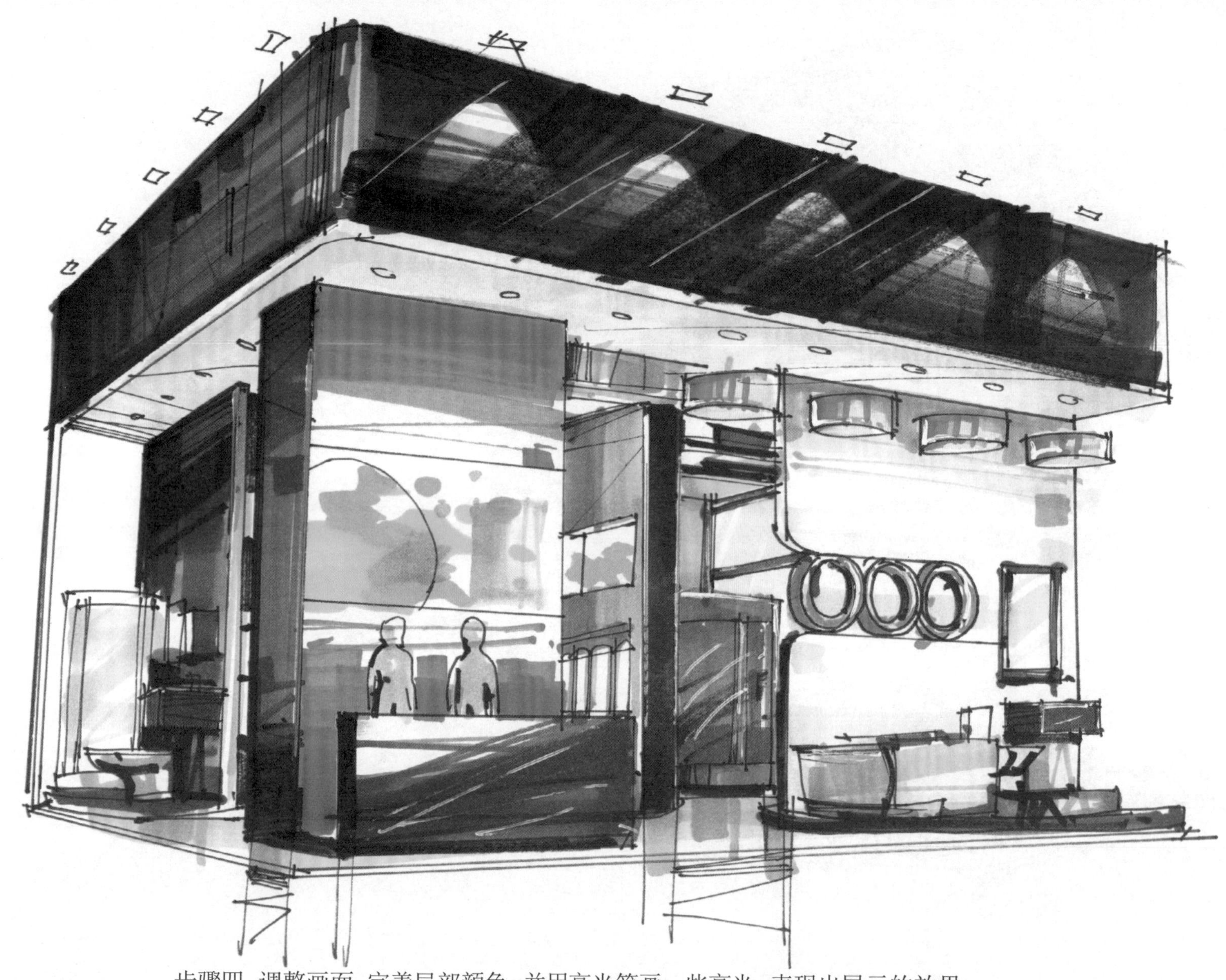

步骤四：调整画面，完善局部颜色，并用高光笔画一些高光，表现出展示的效果。

6.8 展示设计表现（八）

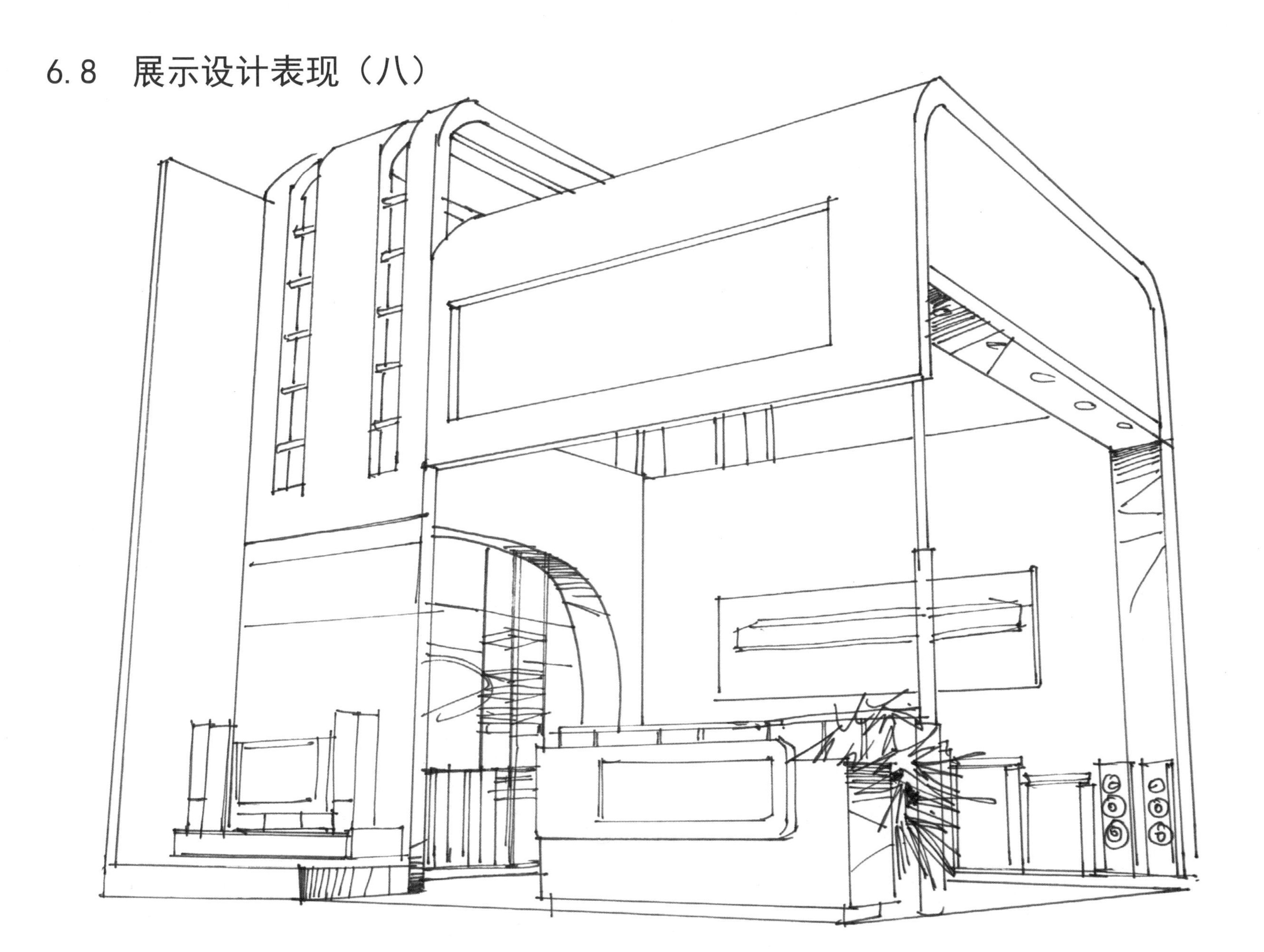

步骤一：用线画出展示造型的线稿，表现出展示空间的造型特点。

步骤二：用马克笔上出展示造型顶面、立柱、墙面、前台和地面的大体颜色。

步骤三：进一步上色，加重暗部颜色，强调形体特点。

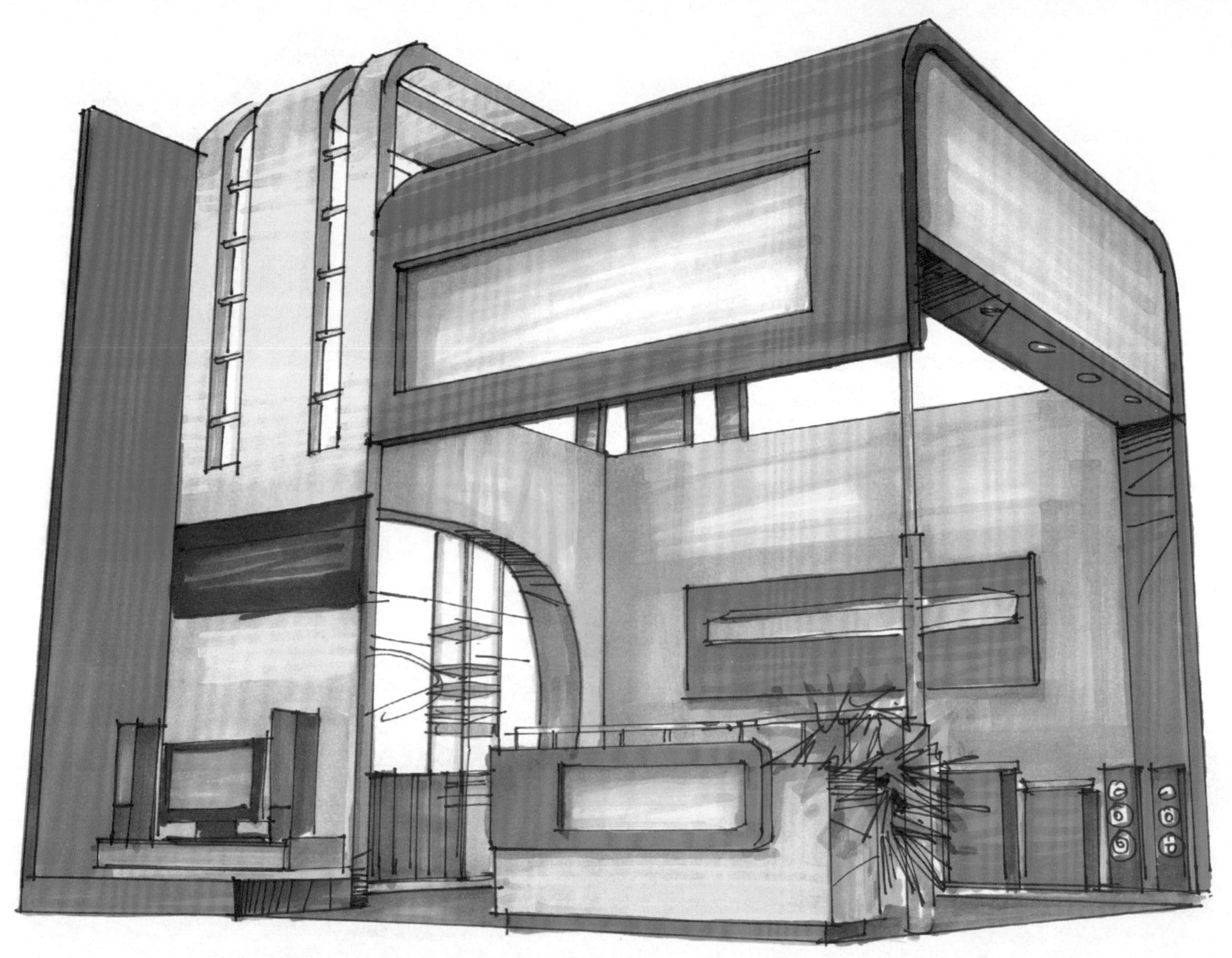

步骤四：完善画面细节，并整体调整画面效果，充分表现出展示造型的形象。

6.9 展示设计表现（九）

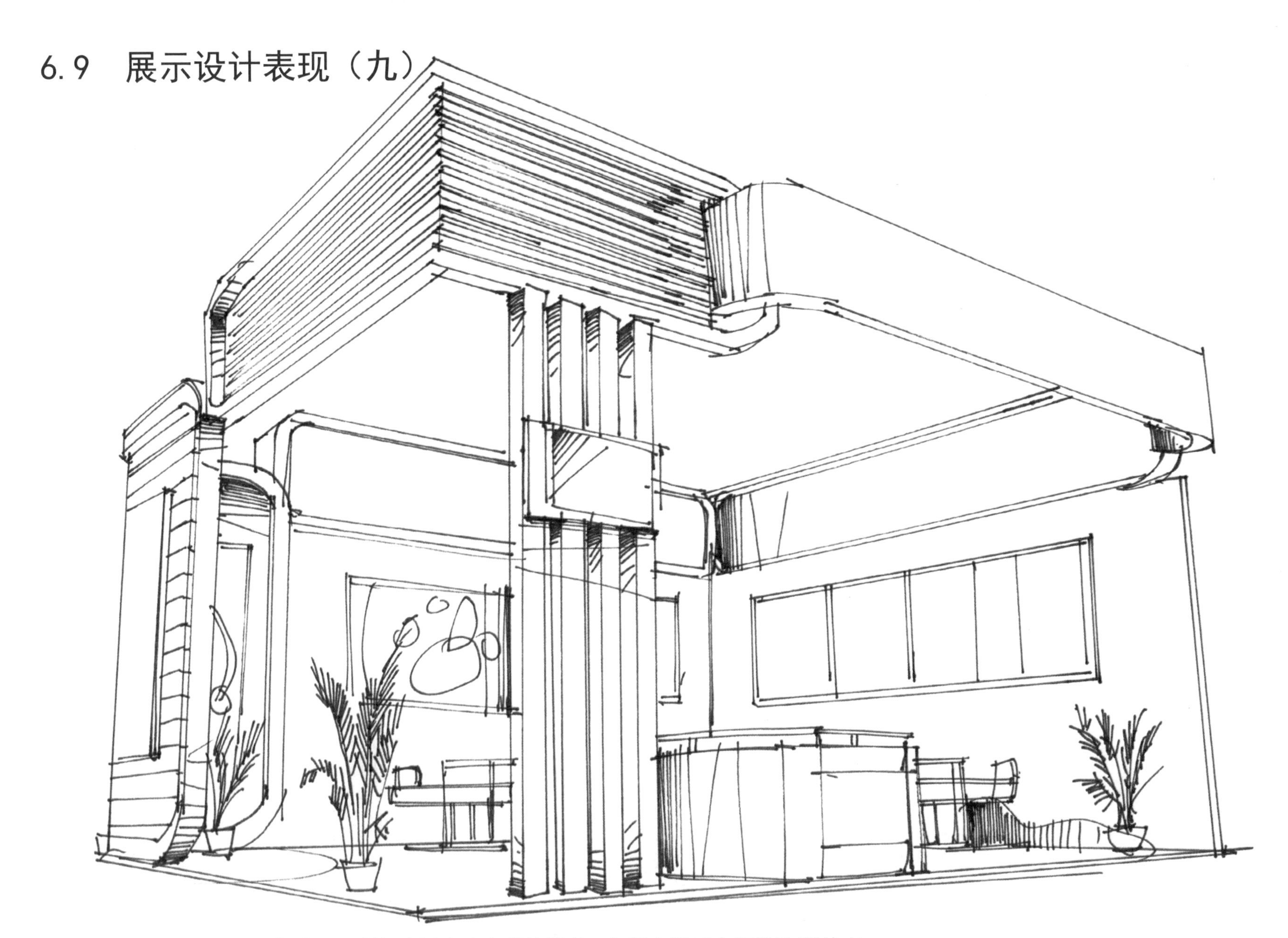

步骤一：用线画出展示造型的线稿，表现出展示空间的造型特点。

步骤二：用马克笔上出展示造型顶面、立柱、墙面和地面的大体颜色。

步骤三：进一步上色，将顶面、墙面、前台颜色上完整，然后上出植物的颜色，并加重地面局部颜色。

步骤四：画出画面的细节，并整体调整画面效果，将展示空间表现完善。

6.10 展示设计表现（十）

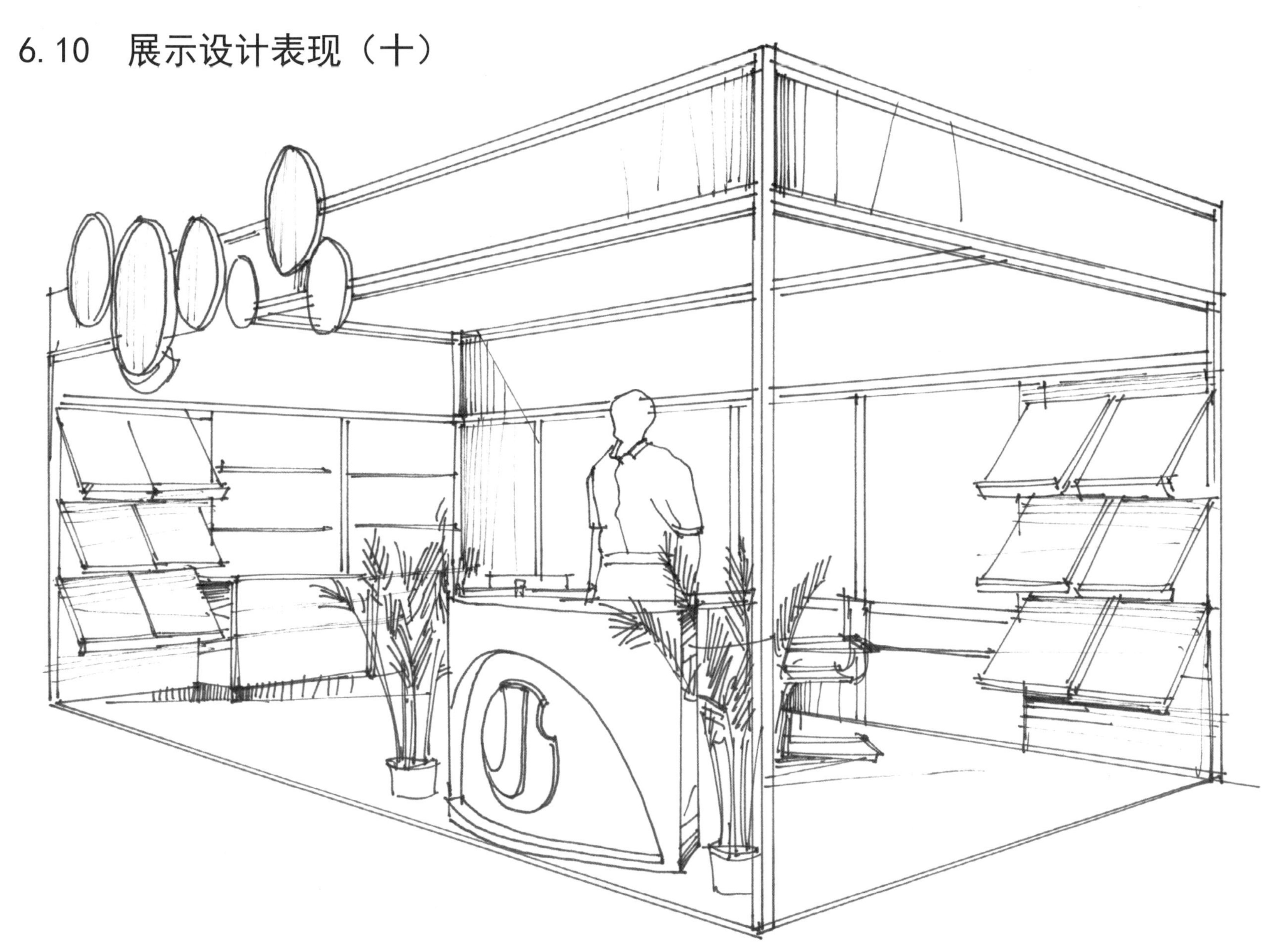

步骤一：用线画出展示空间的线稿，将展示空间的形象和透视表现准确。

步骤二：用马克笔上出展示造型顶部、墙面和前台的大体颜色，初步确定画面色调。

步骤三：进一步上色，将前台、地面、人物和植物的颜色上出来，进一步完善画面空间效果。

步骤四：调整画面效果，将展示空间形象表现充分。

6.11　展示设计表现（十一）

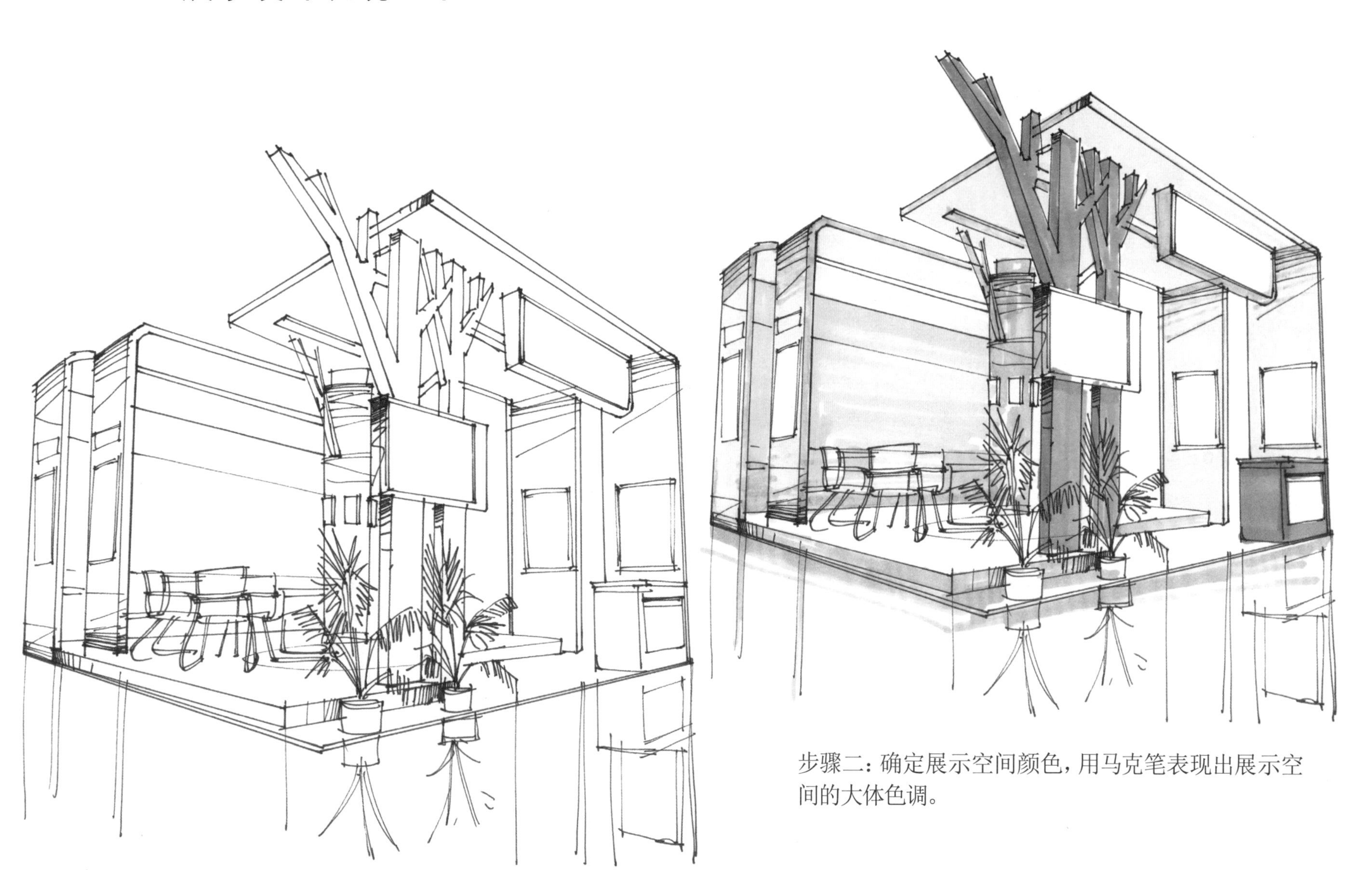

步骤一：画出展示空间的线稿，表现出展示空间的造型特点。

步骤二：确定展示空间颜色，用马克笔表现出展示空间的大体色调。

步骤三：进一步上色，强调色彩，加重暗部颜色，并画出地面反光颜色。

步骤四：整体调整画面效果，增加柱子笔触，将展示效果表现到位。

课后练习

1. 选择本章展示空间案例，按步骤进行临摹。
2. 找一些展示空间的图片，用线先画出空间造型，然后用马克笔上色。
3. 参考本章内容，说出展示空间线稿的画法和上色的过程。
4. 设计展示空间造型，先画出线稿，然后用马克笔上色。

第7章　展示设计表现

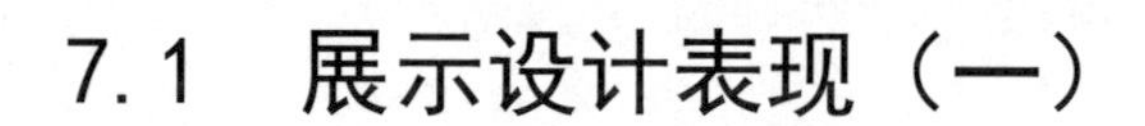

7.1　展示设计表现（一）

步骤一：用线表现出展示空间的造型，注意将画面透视表现准确。

步骤二：用马克笔上出顶面、立面的主色调。

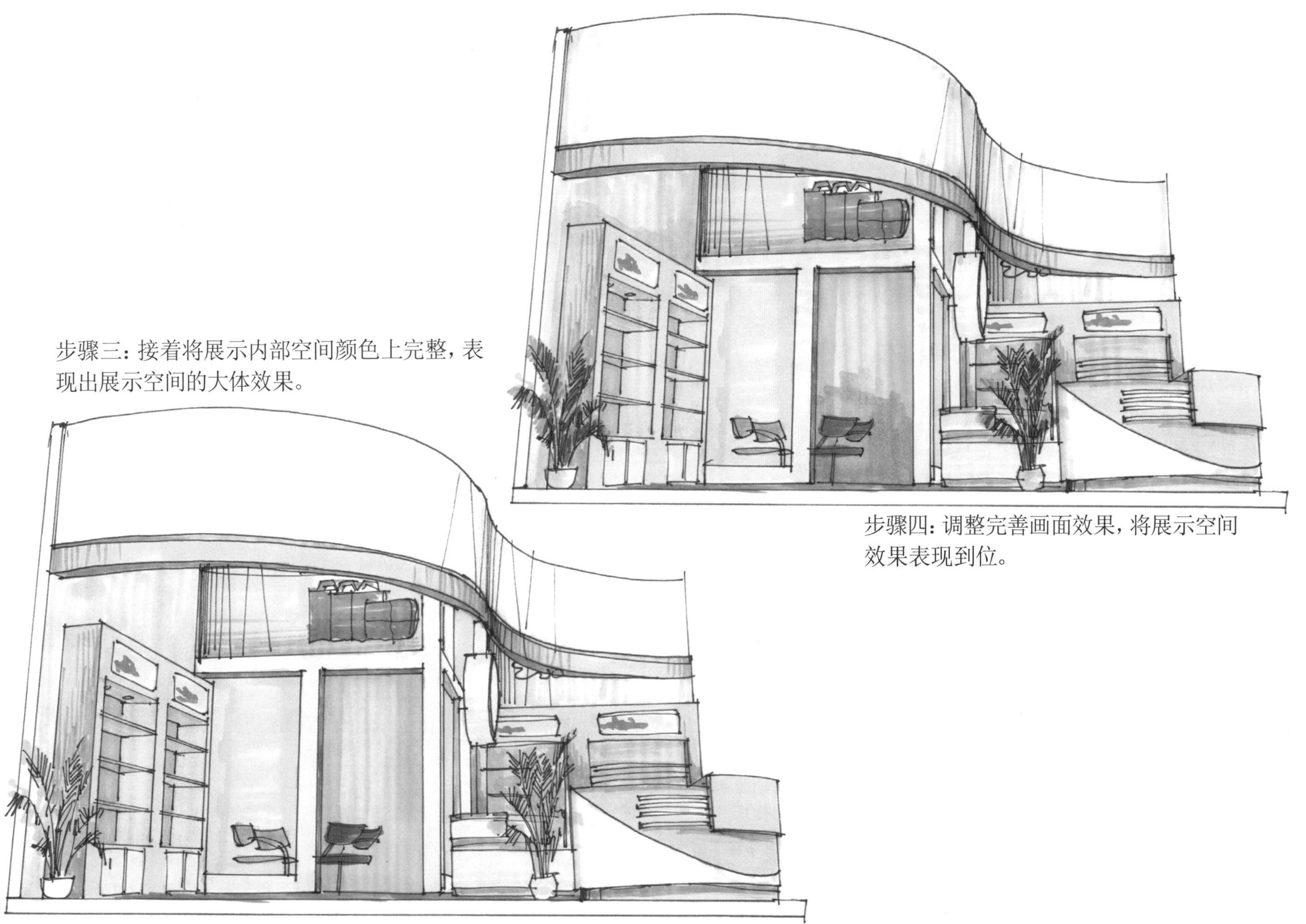

步骤三：接着将展示内部空间颜色上完整，表现出展示空间的大体效果。

步骤四：调整完善画面效果，将展示空间效果表现到位。

7.2 展示设计表现（二）

步骤一：用线画出展示造型的线稿，并突出造型的特点。

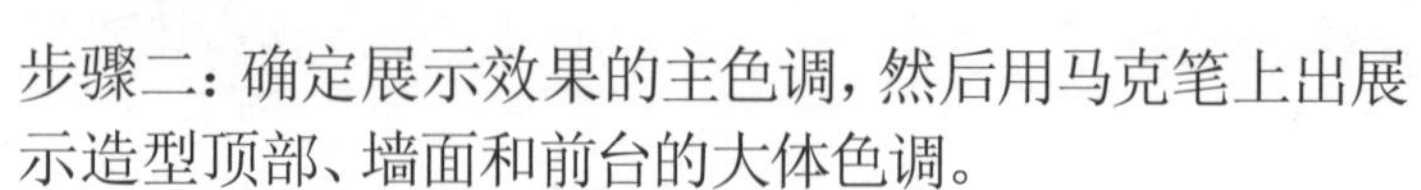

步骤二：确定展示效果的主色调，然后用马克笔上出展示造型顶部、墙面和前台的大体色调。

步骤三：进一步上色，完善墙面颜色，强调造型，拉开色彩的层次。

步骤四：画出地面颜色，并调整前台颜色，将展示效果表现充分。

7.3 展示设计表现（三）

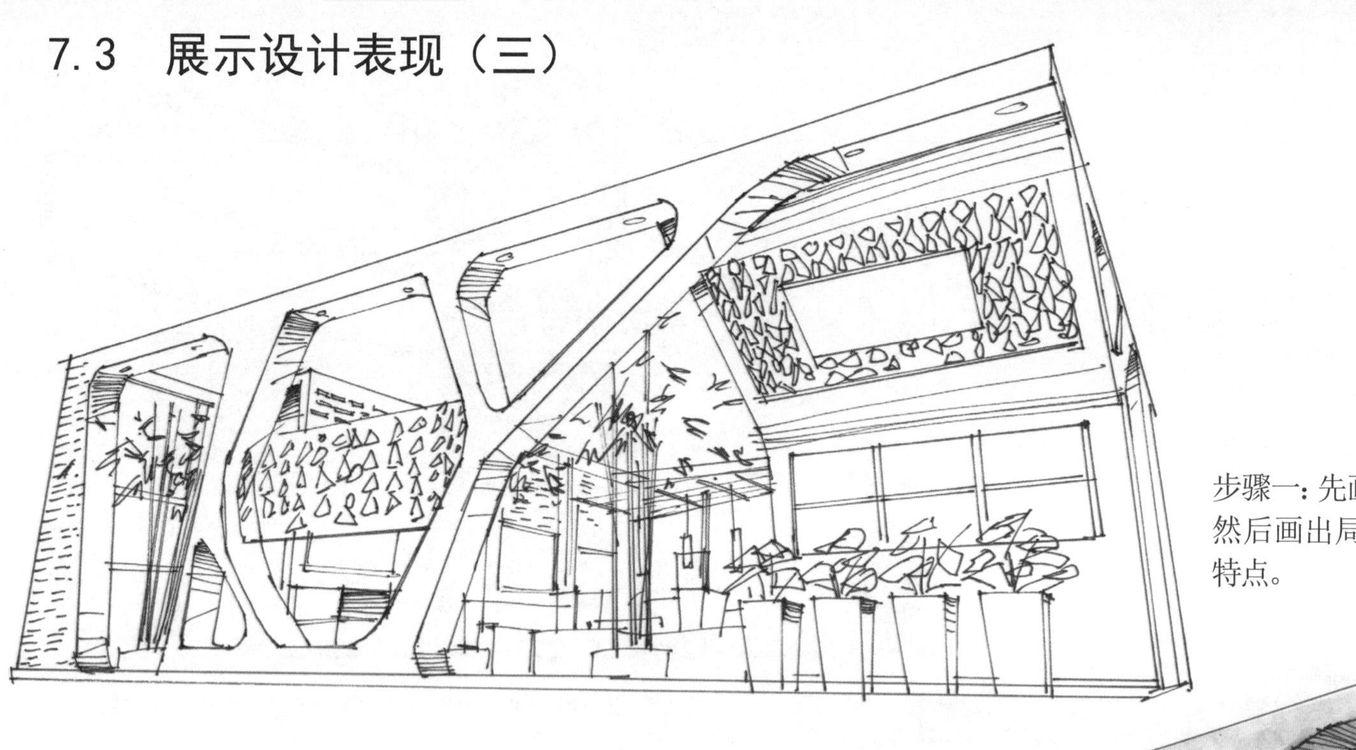

步骤一：先画出展示大的造型特点，然后画出局部细节，突出展示形象特点。

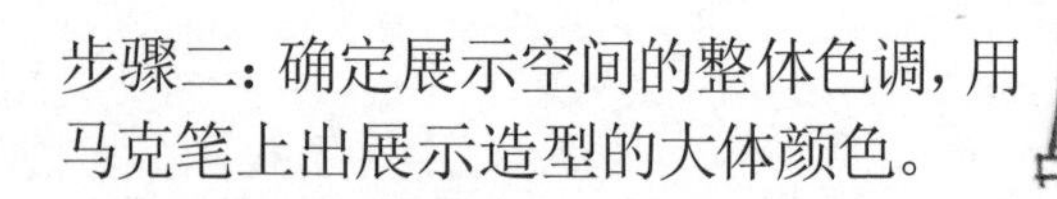

步骤二：确定展示空间的整体色调，用马克笔上出展示造型的大体颜色。

步骤三：接着上出展示空间植物及前台的颜色。

步骤四：画出地面颜色，然后整体调整画面效果，将展示效果表现完整。

7.4 展示设计表现（四）

步骤一：画出展示空间的线稿，并用线表现出展示空间的造型特点。

步骤二：用马克笔上出顶部造型和立柱的大体颜色。

步骤三：进一步上色，上出顶部造型、立柱和前台的颜色，进一步表现展示效果。

步骤四：加重画面局部颜色，整体调整画面效果，将展示特点表现充分。

7.5 展示设计表现（五）

步骤一：用线画出展示空间的造型，并将内部前台、柱子及花卉表现出来。

步骤二：确定展示造型的颜色，用马克笔表现出顶部及墙面的大体色调。

步骤三：进一步上色，将顶面、墙面颜色画完整，然后上出地面、立柱和植物的大体颜色。

步骤四：加重局部颜色，进一步完善画面效果，突出展示空间的效果。

7.6 展示设计表现（六）

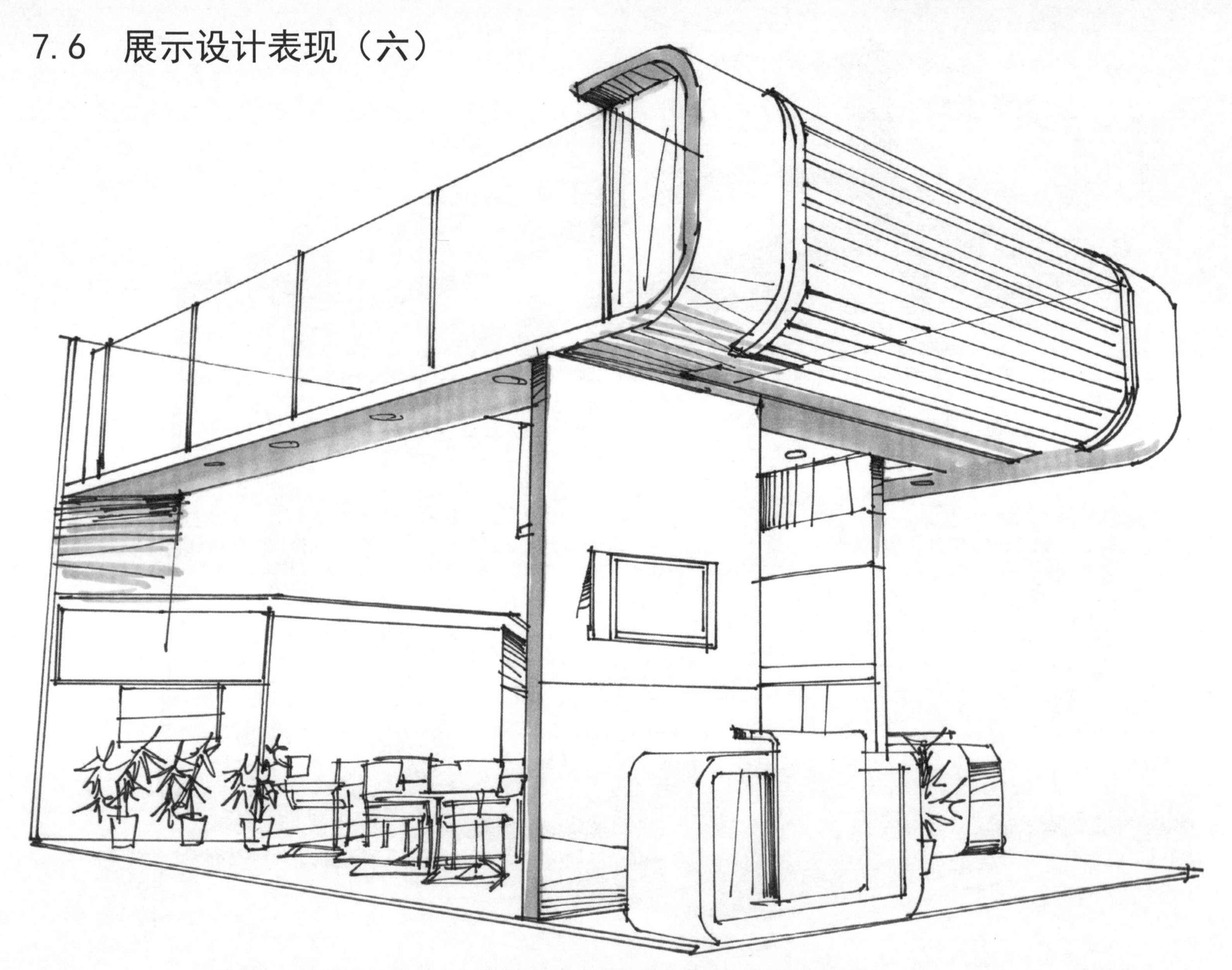

步骤一：用线画出展示空间的整体造型，并用线对造型局部进行强调。

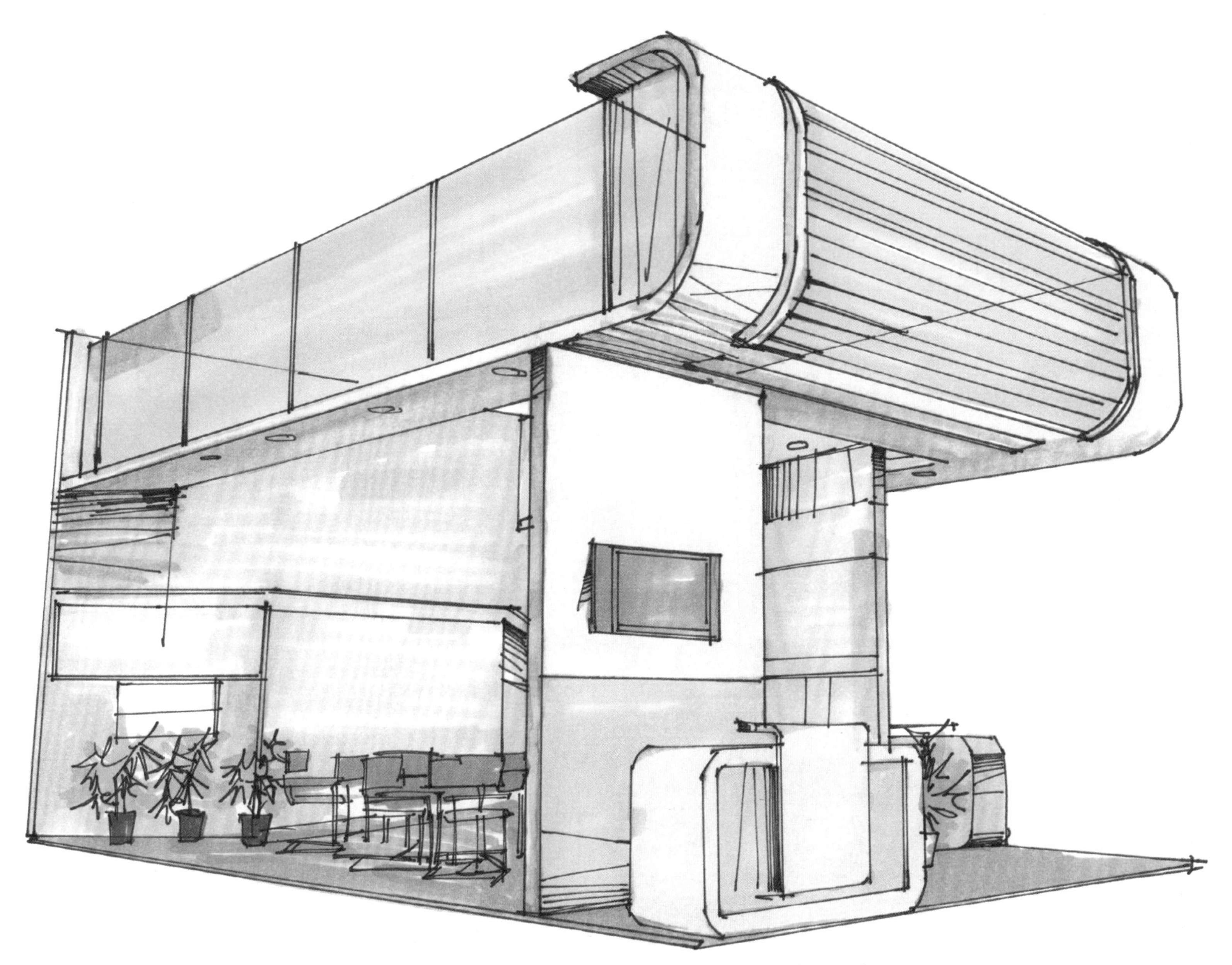

步骤二：用马克笔表现出展示空间顶部、墙面及地面的大体颜色。

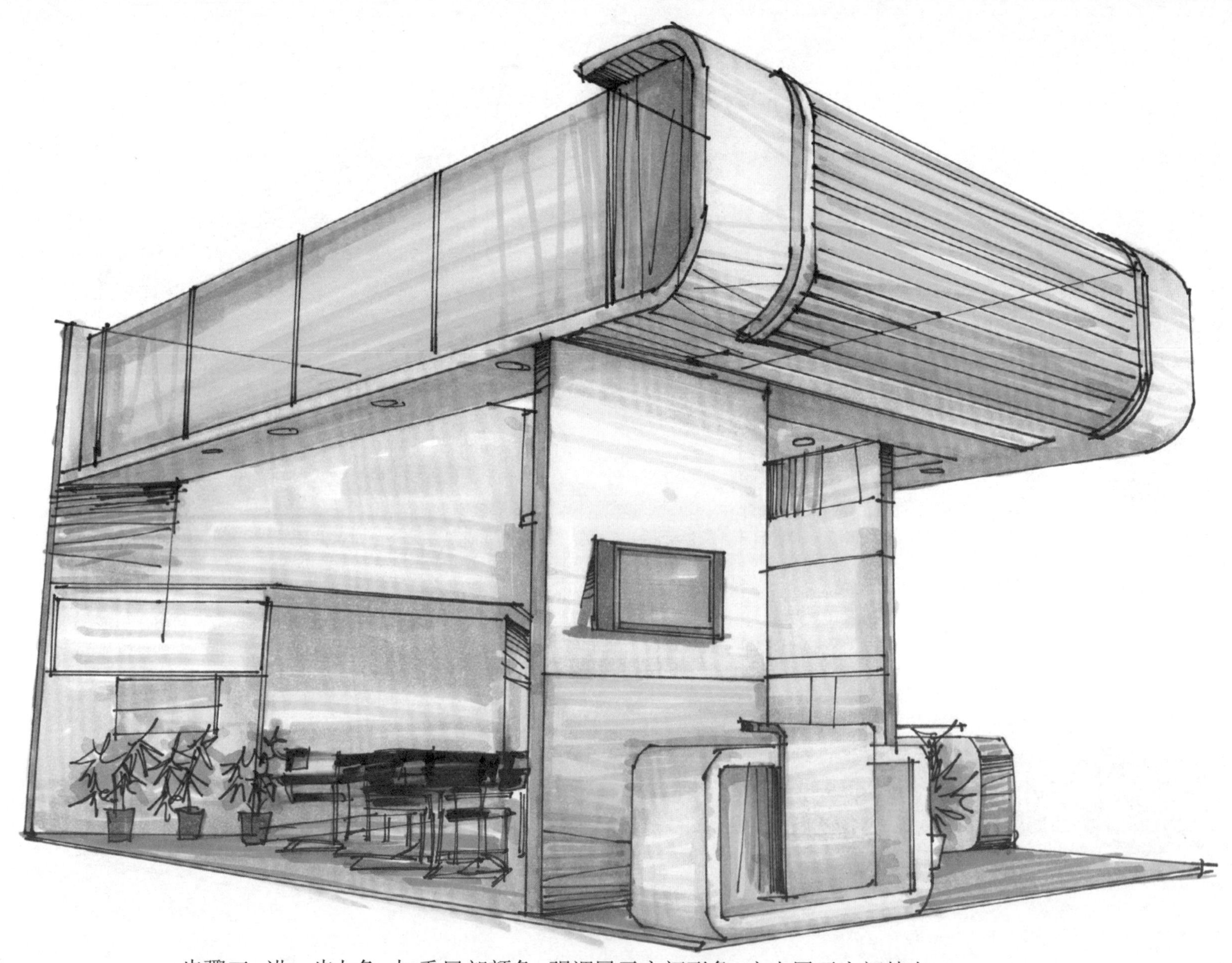

步骤三：进一步上色，加重局部颜色，强调展示空间形象，突出展示空间特点。

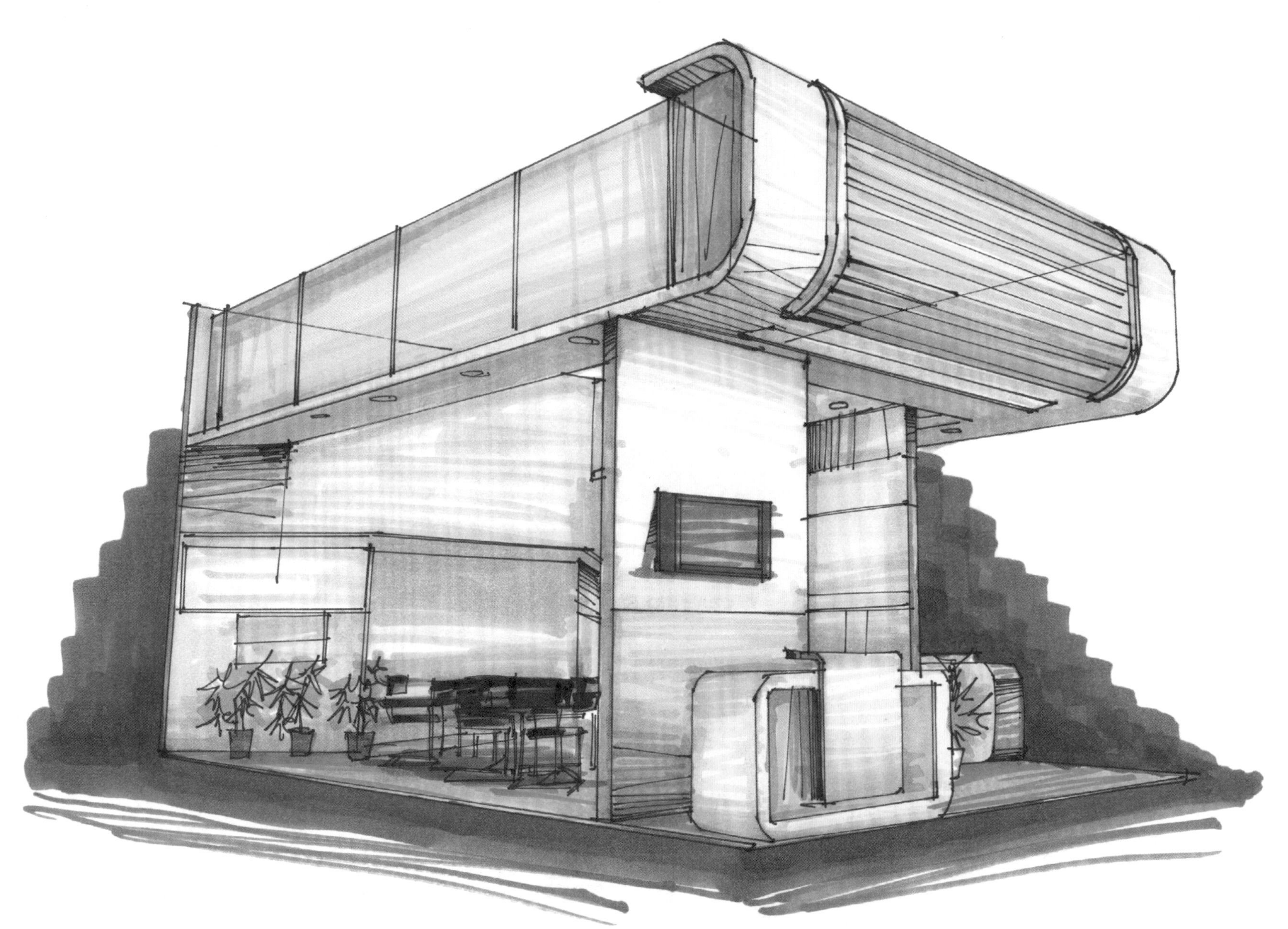

步骤四：给展示空间画出背景，进一步完善展示空间效果。

7.7 展示设计表现（七）

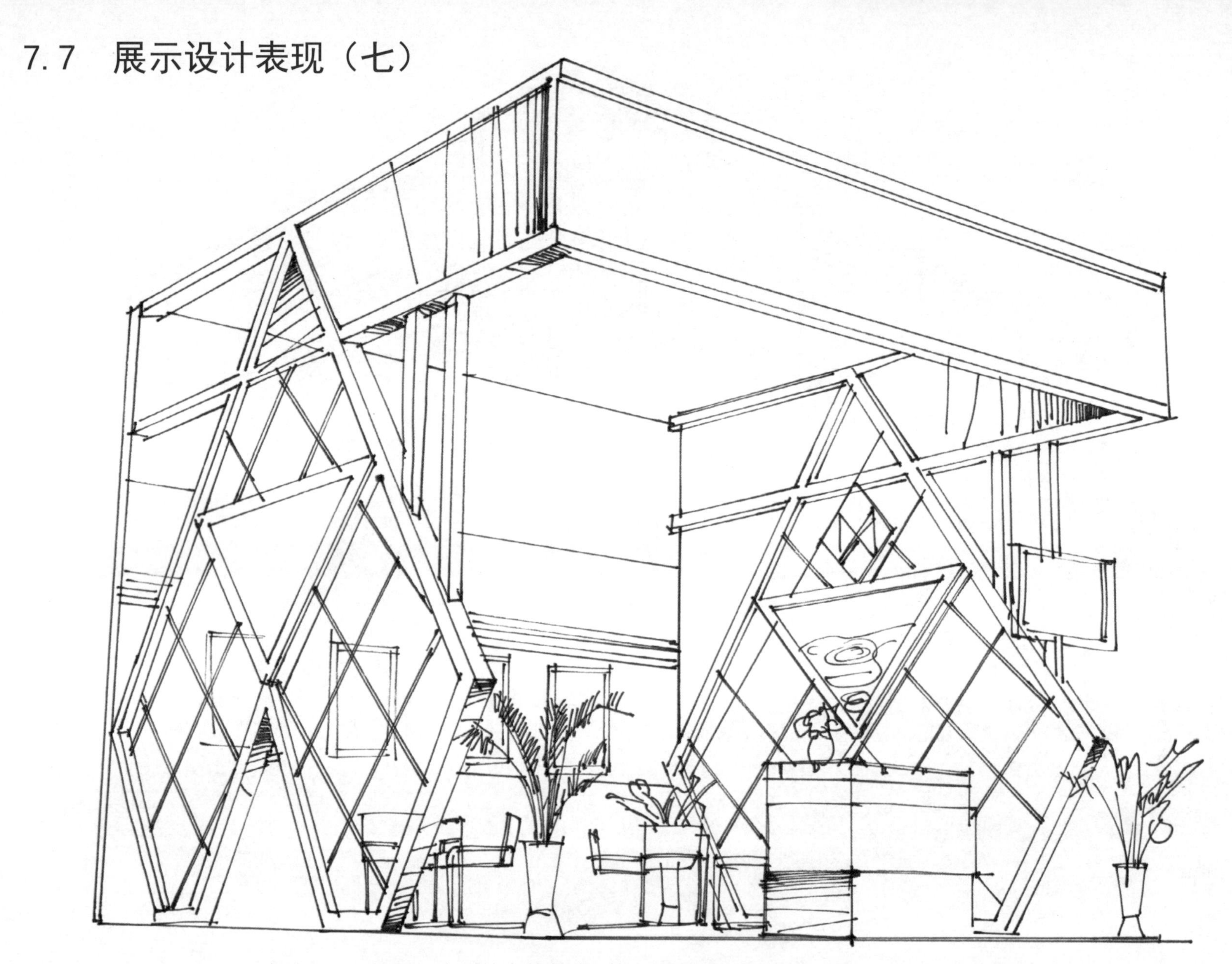

步骤一：画出展示造型的大体轮廓，然后再表现出局部的细节。

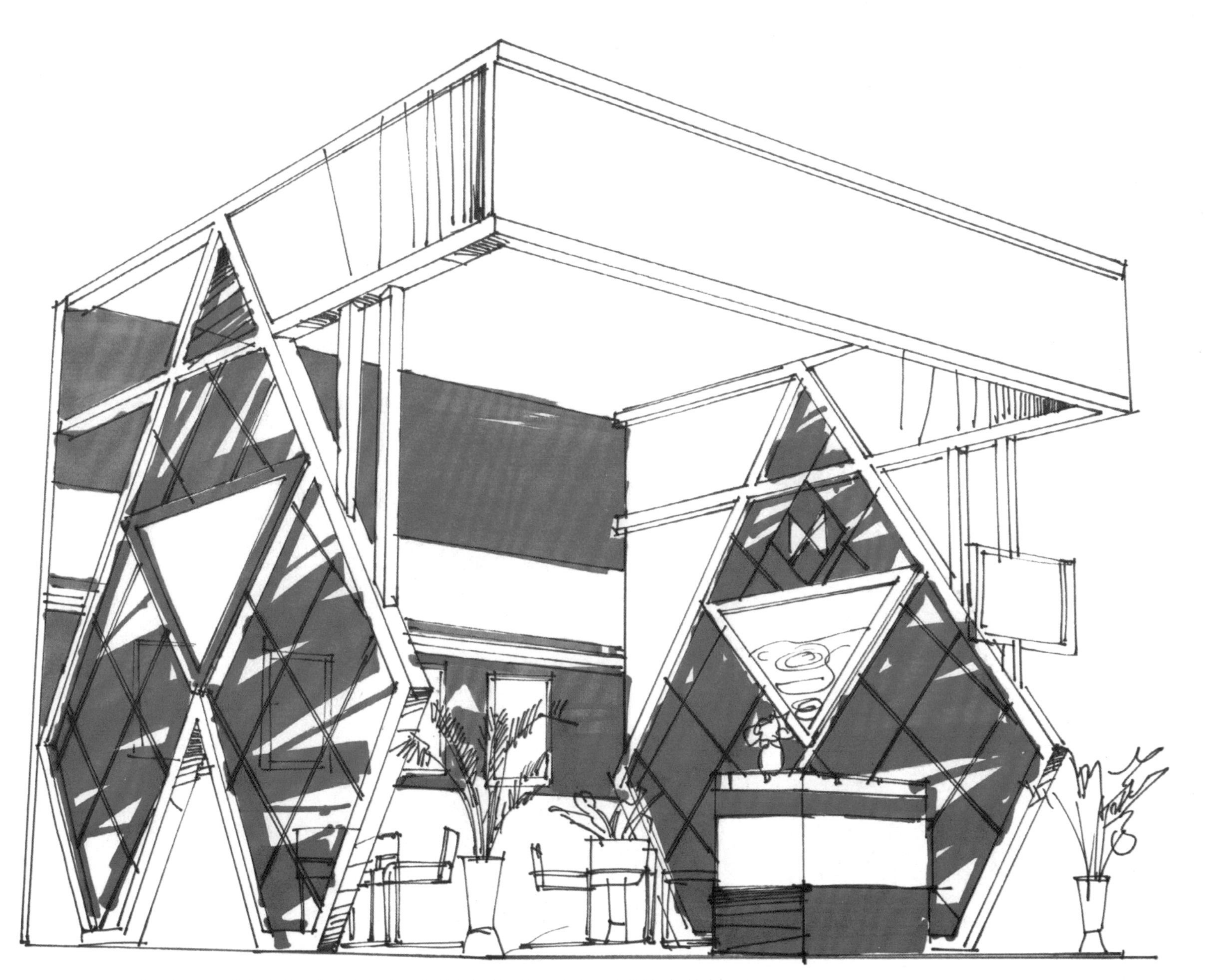

步骤二：用马克笔铺出展示空间的主色调，确定画面的大体效果。

步骤三：进一步上色，将画面色调上完整，然后沿着对象的造型加重局部色调，突出展示造型的特点。

步骤四：调整和完善画面细节，将展示效果表现完善。

7.8 展示设计表现（八）

步骤一：画出展示空间的线稿，表现出展示空间的特点，然后再画出植物、人物配景。

步骤二：用马克笔铺出展示空间的大体色调。

步骤三：进一步上色，上出展示空间墙面、地面及植物的颜色。

步骤四：加重局部颜色，调整画面效果，将展示空间效果表现完善。

7.9 展示设计表现（九）

步骤一：先画出展示空间的大体结构，然后画出展示空间内部细节，突出展示的形象特点。

步骤二：从画面主色调开始上色，用红色马克笔上出柱子的颜色。

步骤三：接着上出前台、柱体中间部分，然后再铺出地面的大体颜色。

步骤四：加重柱体暗部颜色，强调柱体结构，突出展示形象，将展示效果表现到位。

7.10 展示设计表现（十）

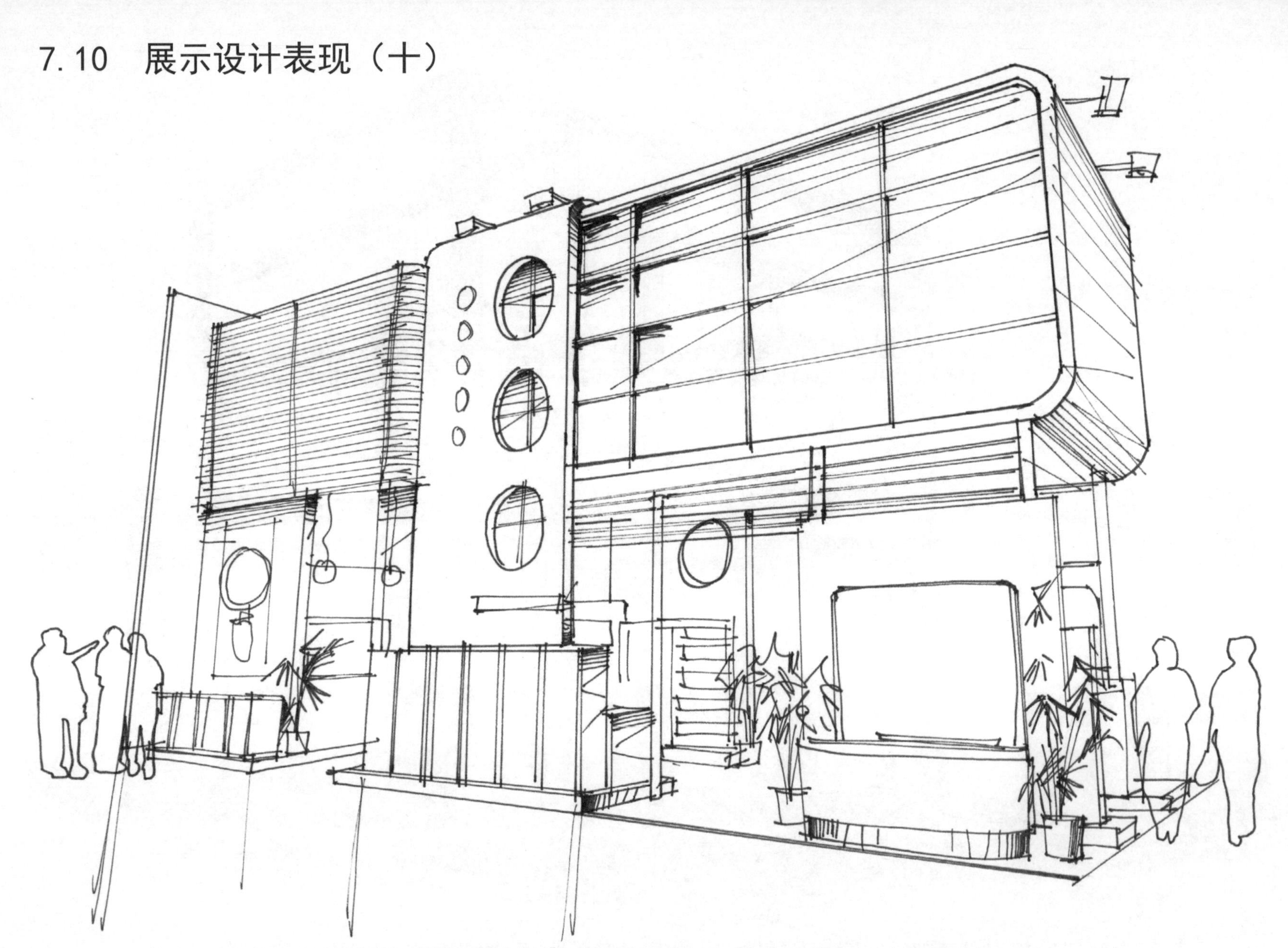

步骤一：先画出展示设计造型的线稿轮廓，然后用线表现细节，接着画出植物、人物等配景。

步骤二：确定展示造型的颜色，用马克笔上出展示造型的大体颜色。

步骤三：进一步上色，上出中间柜子的颜色，然后再给地面铺上颜色。

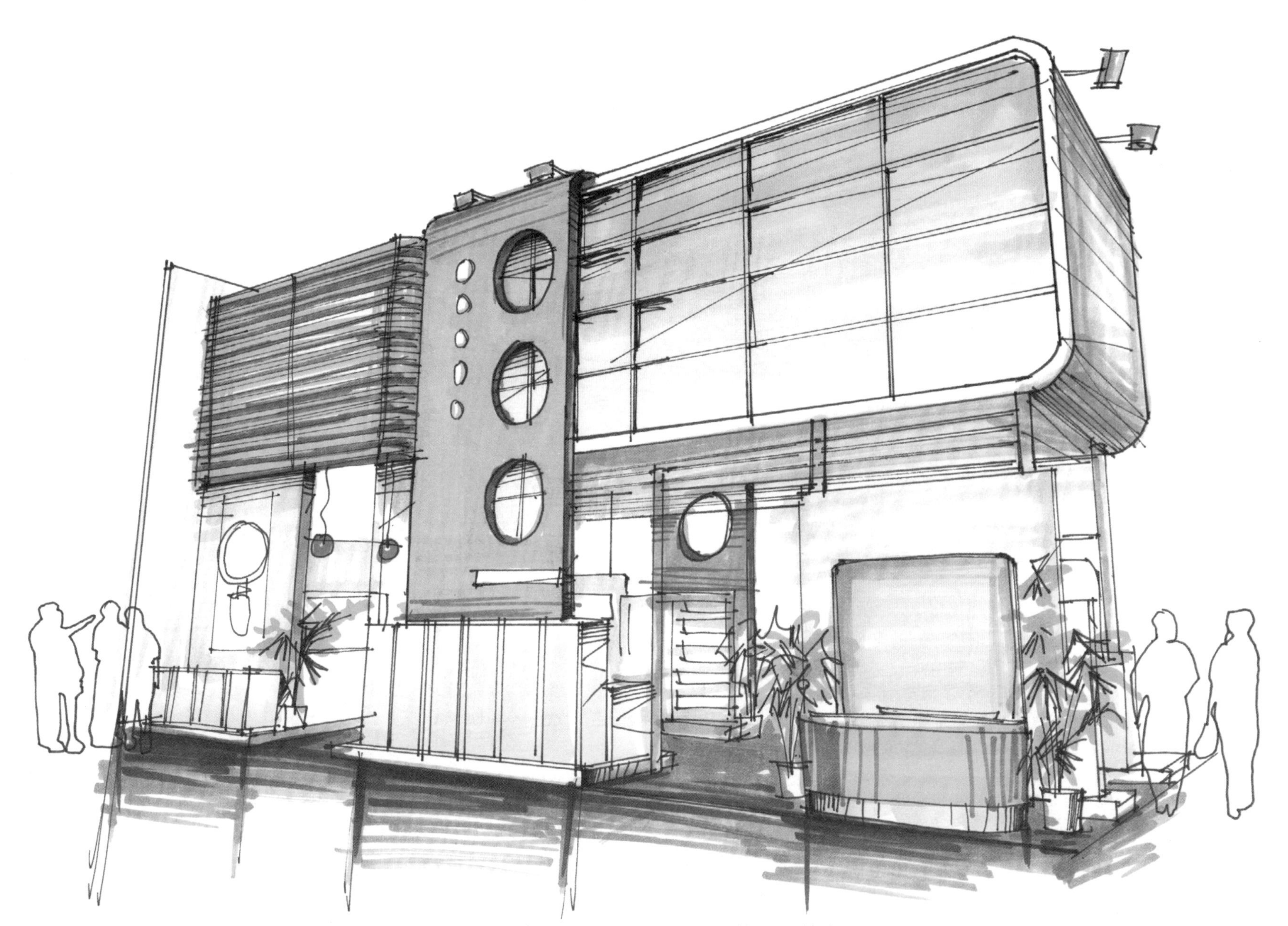

步骤四：深入表现画面，加重局部色调，表现出展示设计的设计特点。

7.11 展示设计表现（十一）

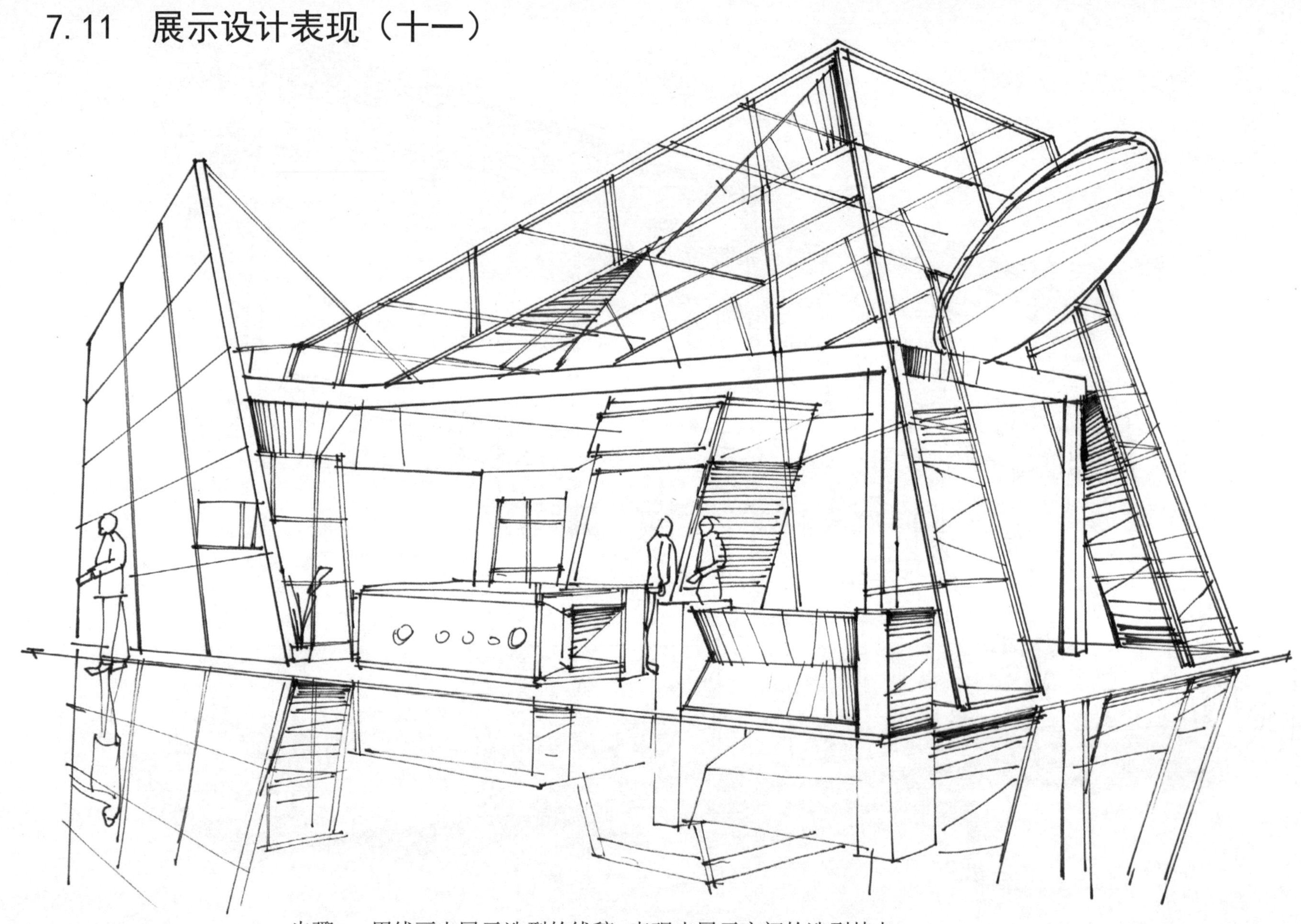

步骤一：用线画出展示造型的线稿，表现出展示空间的造型特点。

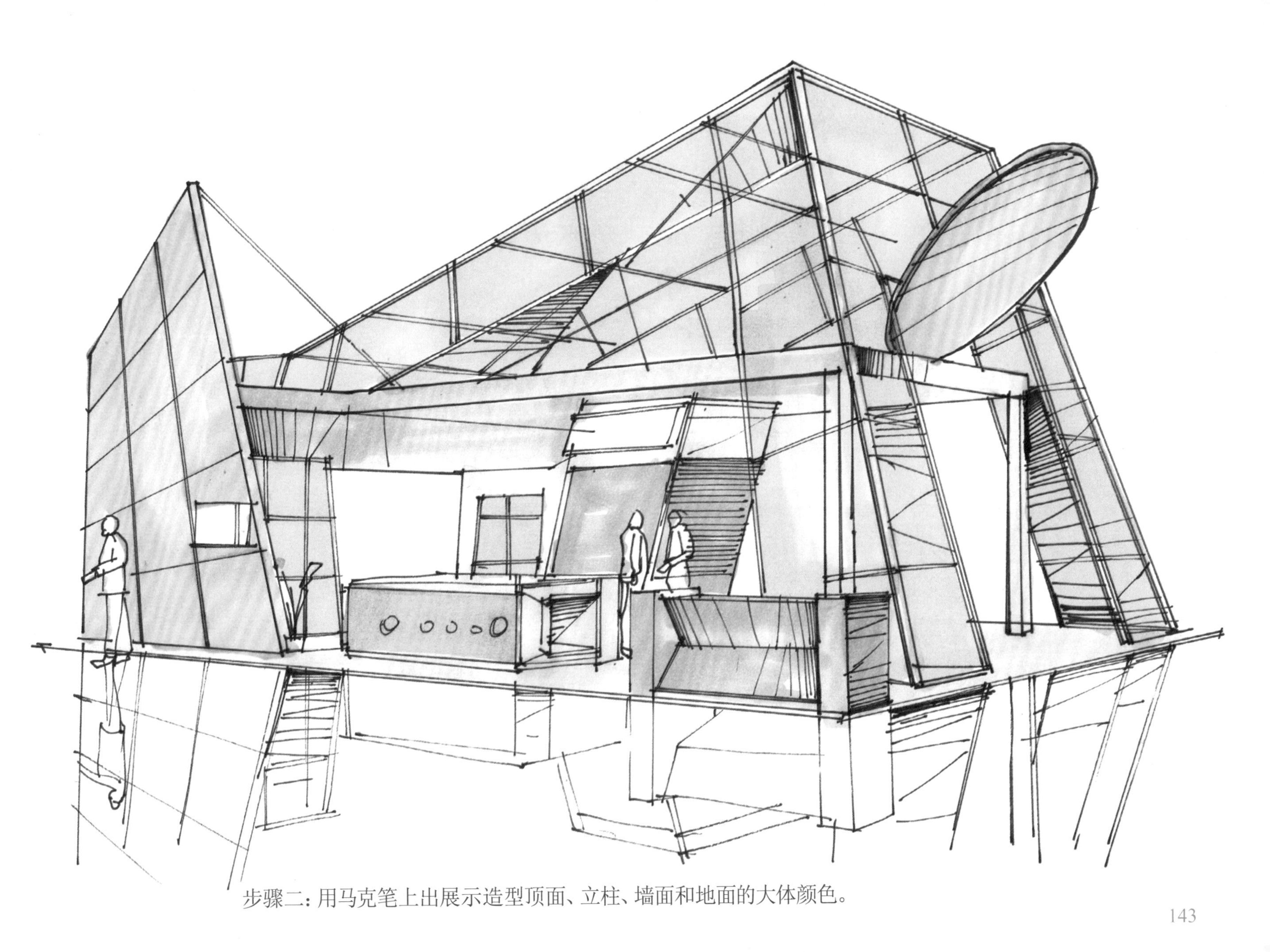

步骤二：用马克笔上出展示造型顶面、立柱、墙面和地面的大体颜色。

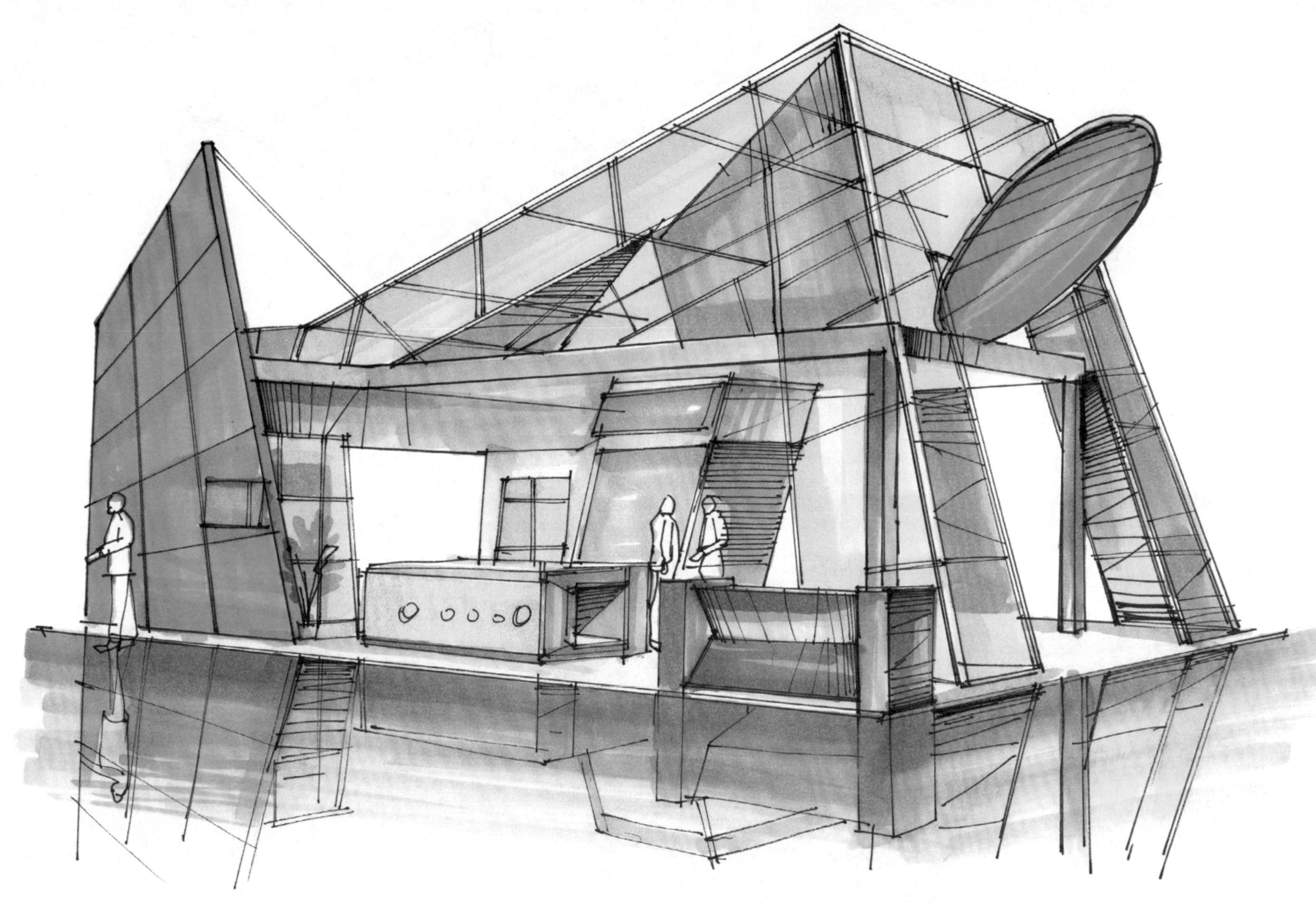

步骤三：进一步上色，将顶面、墙面、前台颜色上完整，然后上出植物的颜色，并加重地面局部颜色。

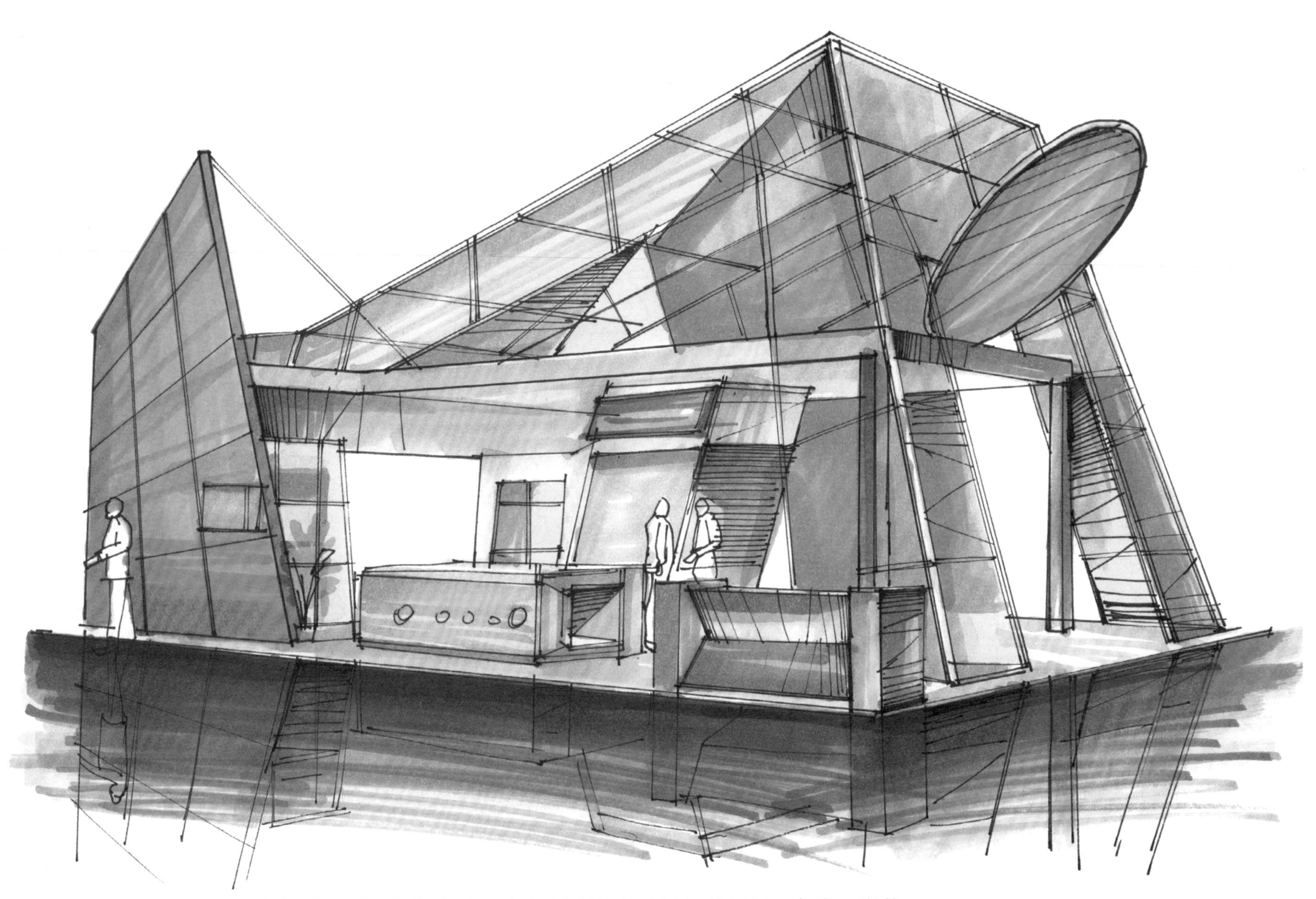

步骤四：画出画面的细节，并整体调整画面效果，将展示形象表现完善。

7.12 展示设计表现（十二）

步骤一：用线画出展示造型的线稿，表现出展示空间的造型特点。

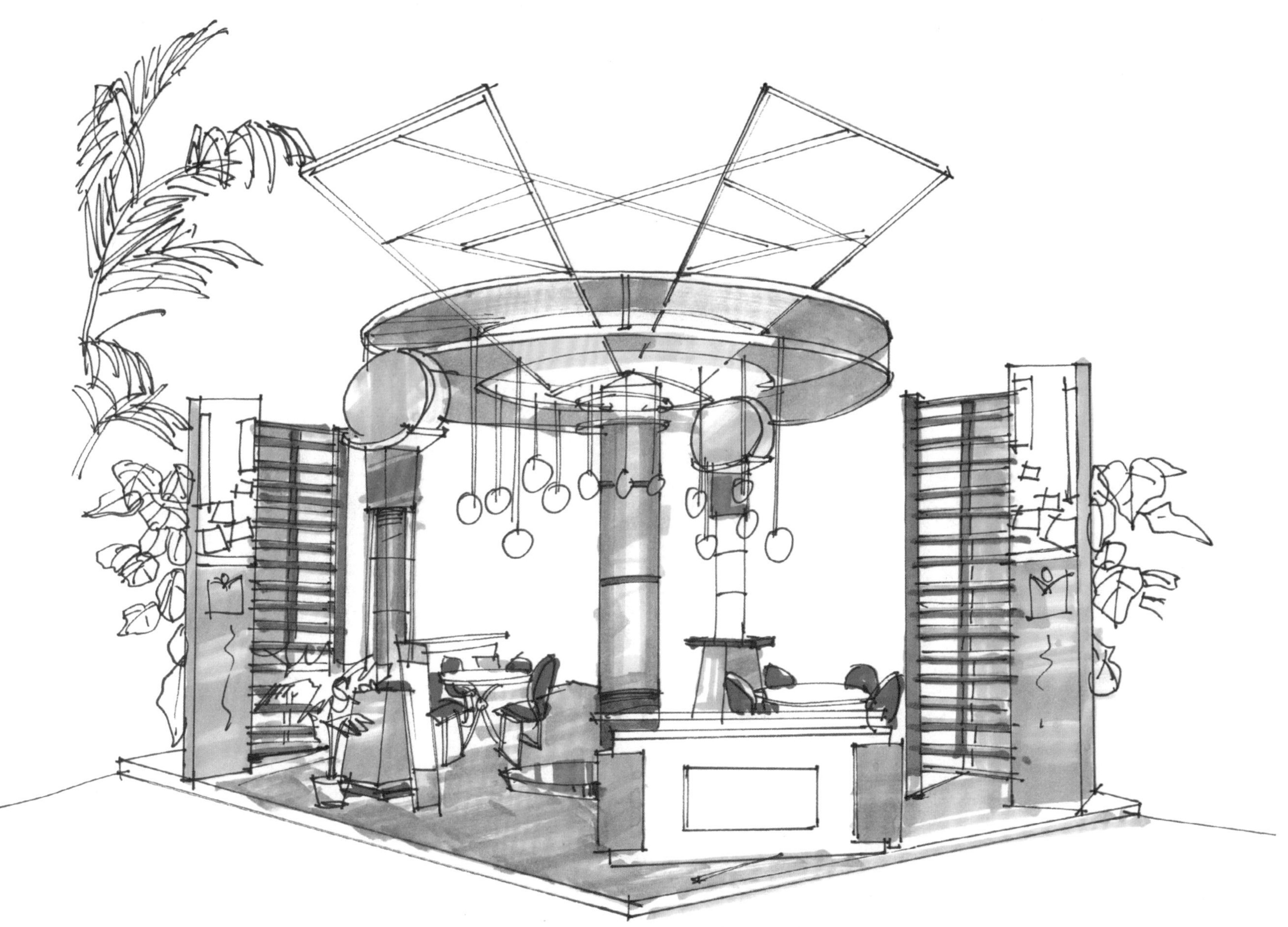

步骤二：用马克笔上出展示造型顶面、立柱、墙面和地面的大体颜色。

步骤三：进一步上色，将顶面、墙面、前台颜色上完整，然后上出植物的颜色，并加重地面局部颜色。

步骤四：画出画面的细节，并整体调整画面效果，将展示空间表现完善。

7.13　展示设计表现（十三）

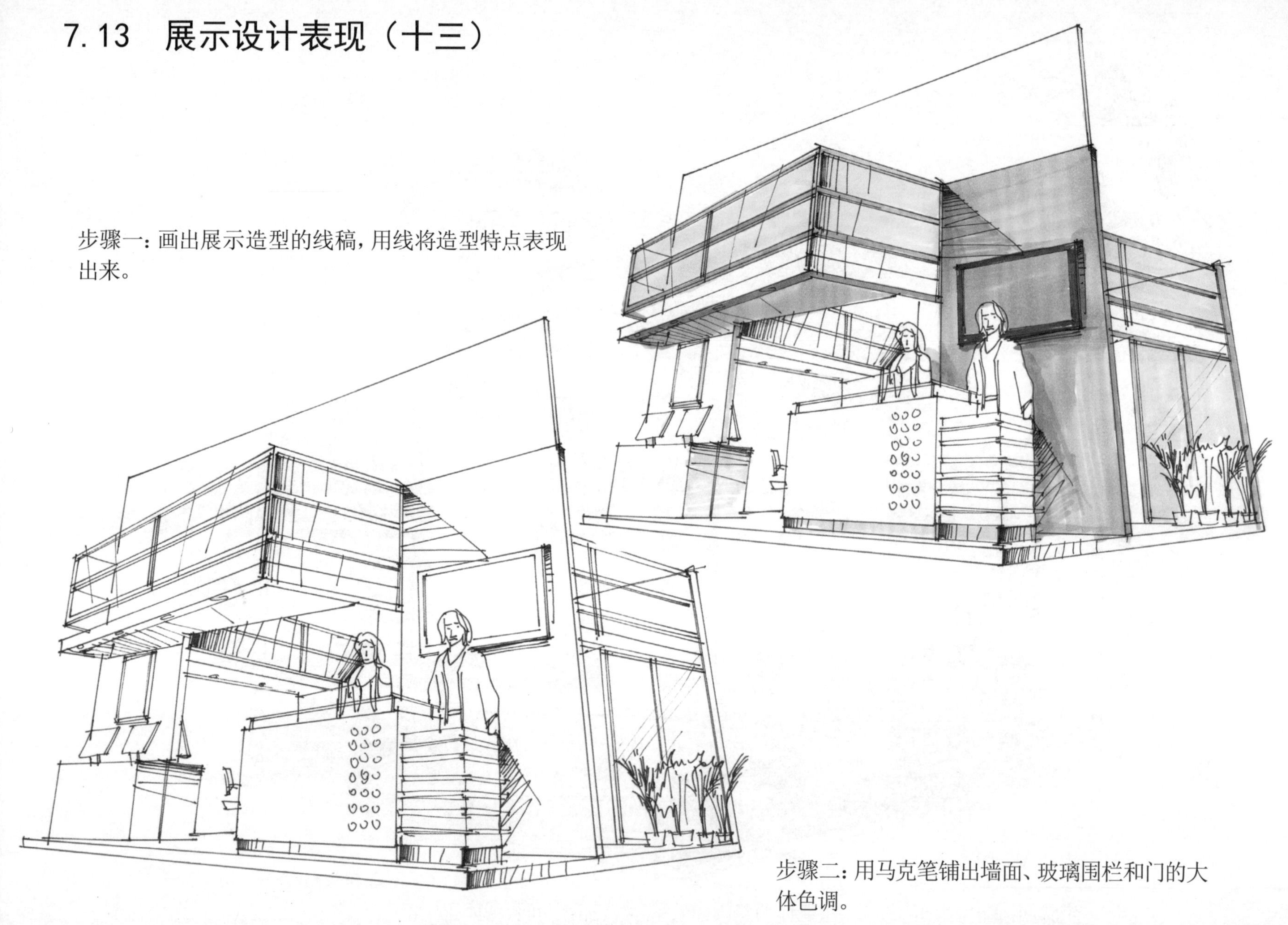

步骤一：画出展示造型的线稿，用线将造型特点表现出来。

步骤二：用马克笔铺出墙面、玻璃围栏和门的大体色调。

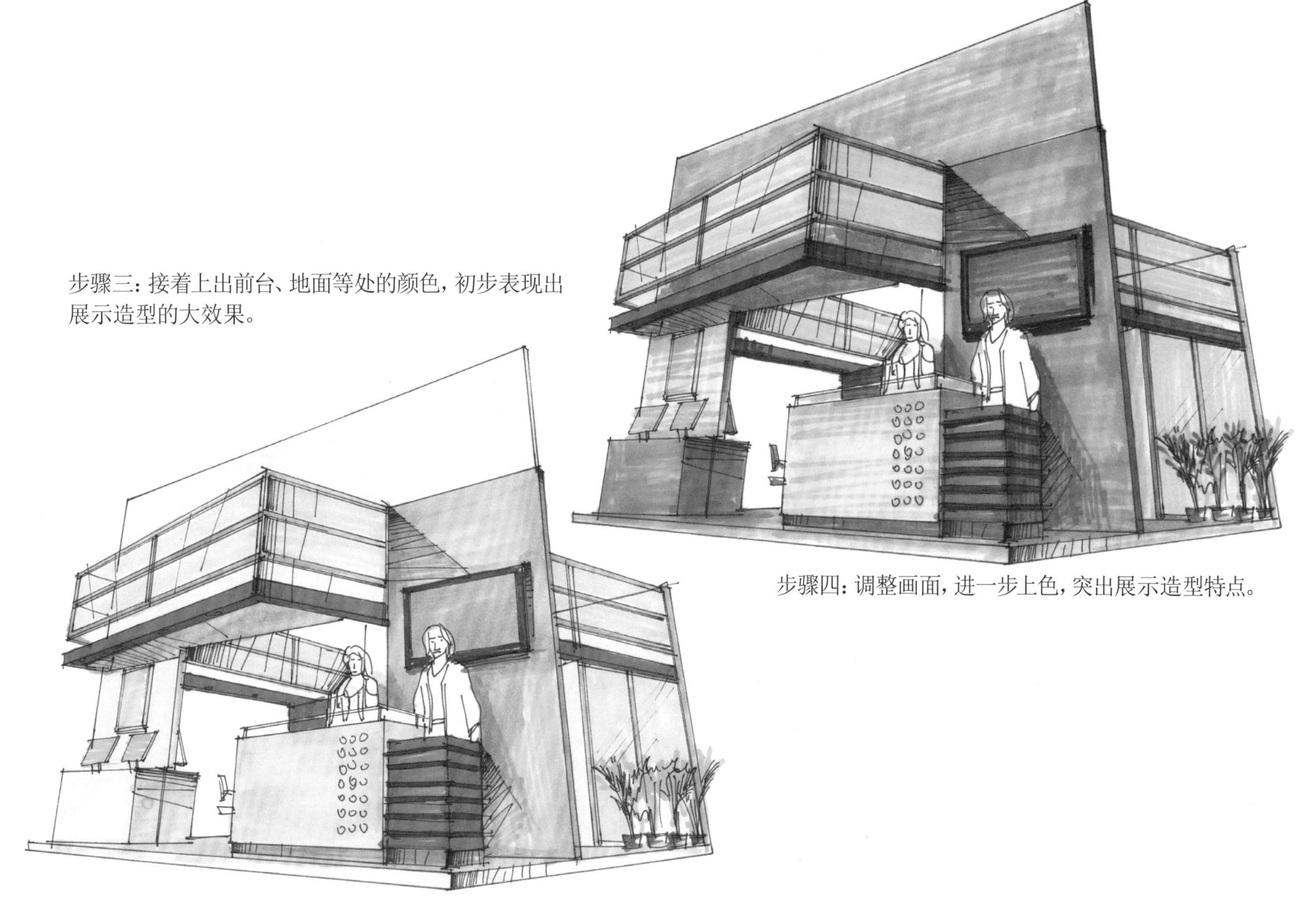

步骤三：接着上出前台、地面等处的颜色，初步表现出展示造型的大效果。

步骤四：调整画面，进一步上色，突出展示造型特点。

课后练习

1. 选择本章展示空间案例，按步骤进行临摹。
2. 临摹本章中式展示空间，并体会不同风格的空间展示造型特点。
3. 找一些展示空间的图片，用线先画出空间造型，然后用马克笔上色。
4. 设计构思展示空间，先用线勾勒出造型，然后用马克笔上色。
5. 设计一数码产品展示空间，先用线勾勒出造型，然后用马克笔上色。

第8章　展示设计作品赏析

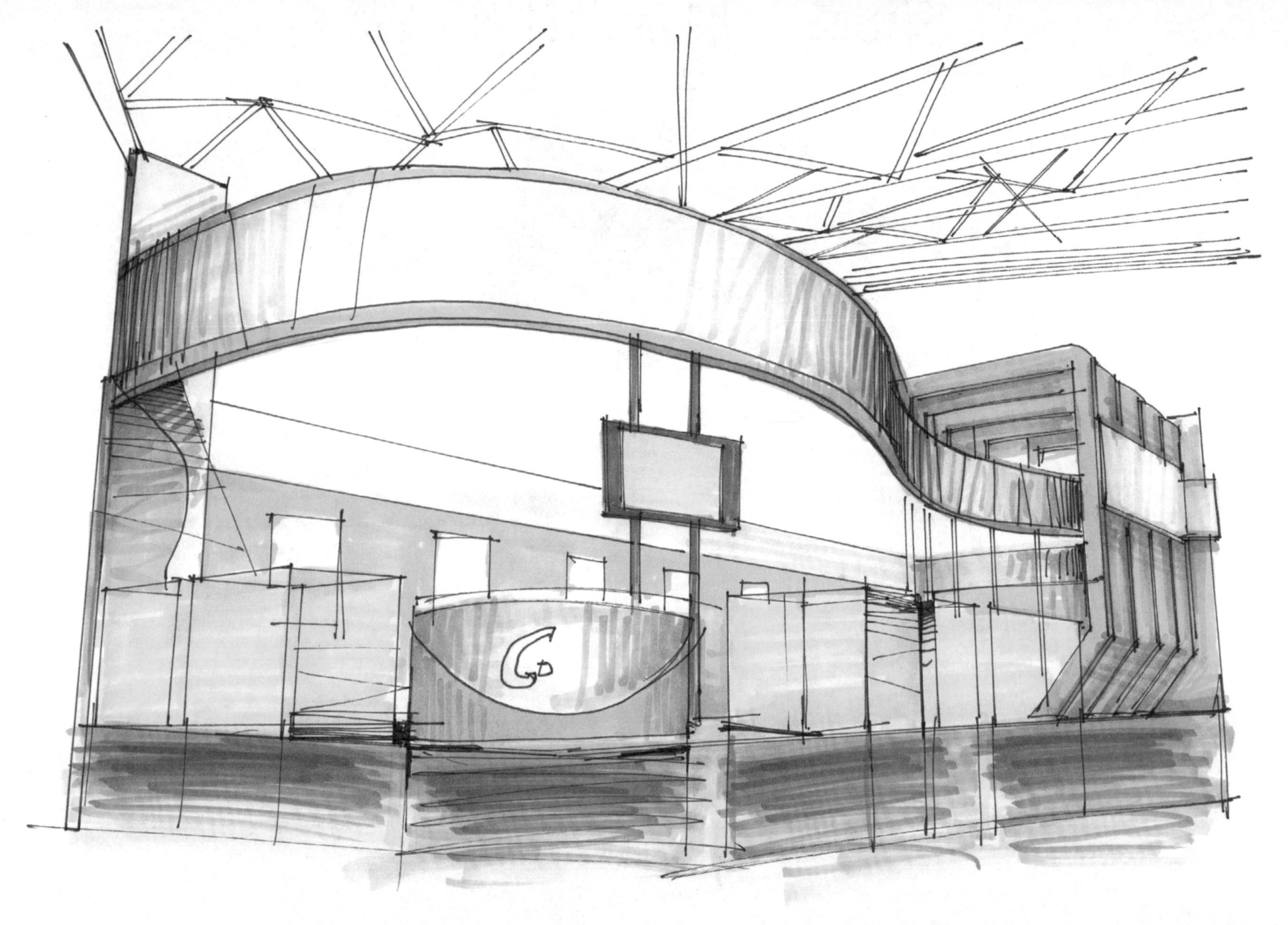

LOGO
LOGO

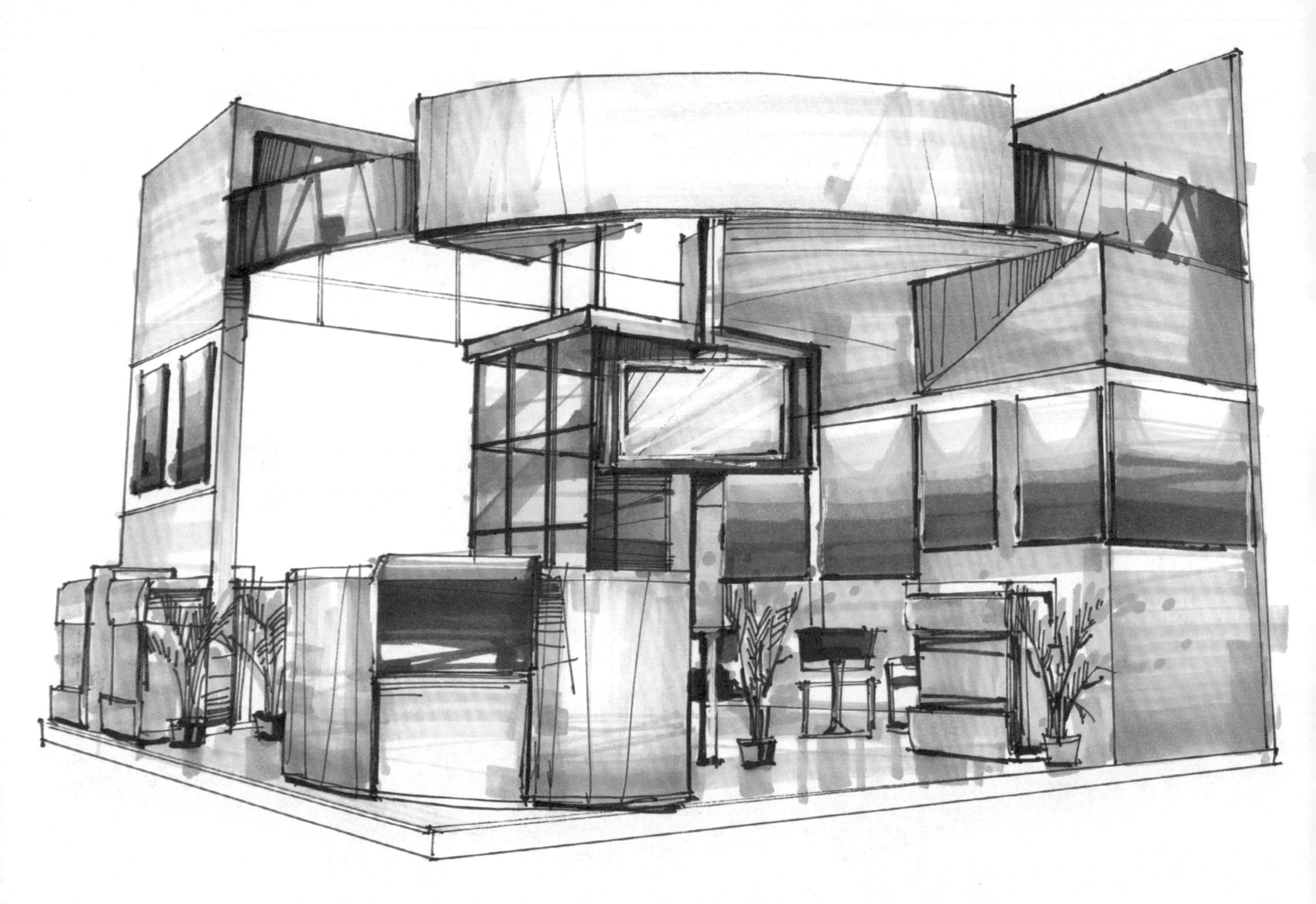